ONTEM, O UNIVERSO

COLEÇÃO CIÊNCIA ABERTA

Um Pouco Mais de Azul — *H. Reeves*
Ontem, o Universo — *B. Gatty*

Próximos lançamentos:

A Origem do Ser Vivo — *B. Gatty*
Elogio da Diferença — *A. Jacquard*
Darwin e os Enigmas da Vida — *S. Gould*
O Cálculo e o Imprevisto — *I. Ekeland*

Bernard Gatty

ONTEM, O UNIVERSO

Martins Fontes

Título do original: LES COMPTES DU TEMPS PASSÉ — HIER, L'UNIVERS

1.ª edição brasileira: maio de 1986

Tradução: Luis Cláudio de Castro e Costa

Revisão da tradução: Cristina Sarteschi

Revisão técnica da edição brasileira: Hugo Vicente Capelato, do Instituto Astrônomico e Geofísico da Universidade de São Paulo

Dados de Catalogação na Publicação (CIP) Internacional
(Câmara Brasileira do Livro, SP, Brasil)

G235o

Gatty, Bernard.
Ontem, o Universo / Bernard Gatty ; (tradução Luís Cláudio de Castro e Costa ; revisão da tradução Cristina Sarteschi ; revisão técnica da edição brasileira Hugo Vicente Capelato). — São Paulo : Martins Fontes, 1986.
(Coleção ciência aberta)

Bibliografia.

1. Astronomia 2. Cosmologia 3. Datação por radioatividade 4. Meteoritos — Idade 5. Sistema solar — Idade 6. Vida — Origem I. Título. II. Série.

CDD-523.1
-523.2
-523.51
-551.701
-577

86-0905

Índices para catálogo sistemático:

1. Cosmologia : Astronomia descritiva 523.1
2. Datação por radioatividade 551.701
3. Meteoritos : Idade : Astronomia 523.51
4. Radioatividade : Uso na datação 551.701
5. Sistema solar : Idade : Astronomia 523.2
6. Universo : Astronomia descritiva 523.1
7. Vida : Origem : Ciências biológicas 577

Produção gráfica: Geraldo Alves

Composição: Texto e Arte/Martins Fontes

Capa: Alexandre Martins Fontes

Uma geração vai, uma geração vem, e a terra sempre permanece.

O sol se levanta, o sol se deita, apressando-se a voltar
ao seu lugar e é lá que ele se levanta (...)

Todos os rios correm para o mar e contudo o mar nunca enche:
embora chegando ao fim do seu percurso,
os rios continuam a correr. (...)

O que foi, será,
o que se fez, se tornará a fazer (...)

ECLESIASTES*

---

* Tradução segundo *A Bíblia de Jerusalém*, Edições Paulinas, São Paulo, 1980. (N. do E.)

Índice

ANEXOS

Ontem, o Universo

HÁ
QUINZE BILHÕES
DE ANOS...

Uma fantástica explosão
o *Big Bang*

De uma formidável bol
de calor e de energia
nasce o Universo.

Em menos de um minu
nascem a luz
e as partículas

e, um pouco mais tarde
os núcleos, os átomos
e as moléculas

que vão muito depressa
formar as estrelas
e as galáxias.

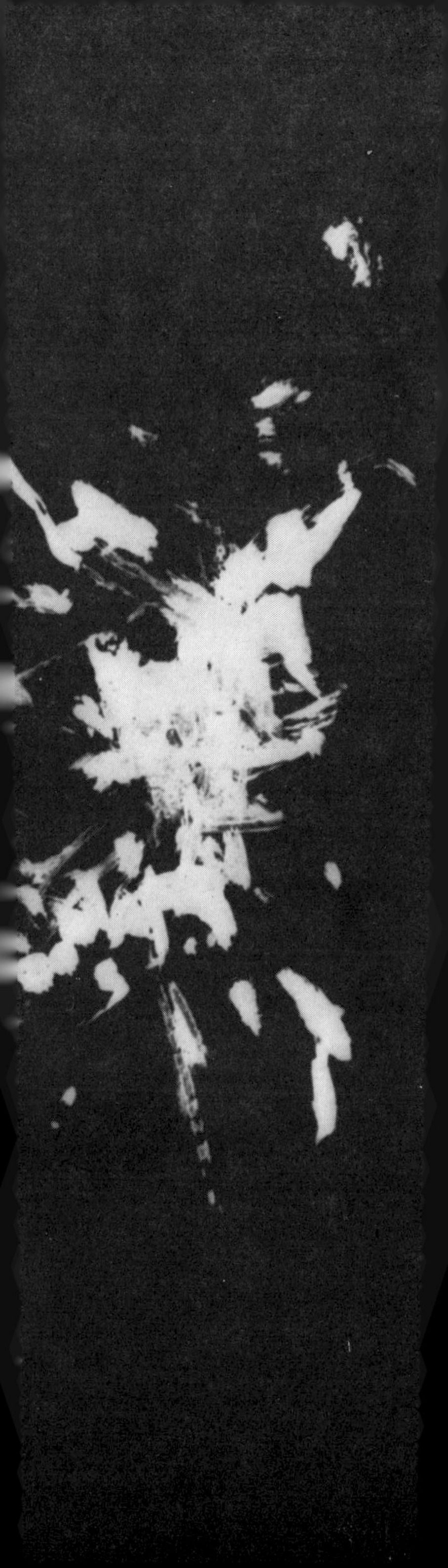

HÁ
QUATORZE BILHÕES
DE ANOS...

Tudo está terminado,
ou quase...

O Universo cresce
e se resfria.

As galáxias afastam-se
umas das outras,
cada vez mais.

HÁ
OITO BILHÕES
DE ANOS...

Em *nossa* galáxia (*nós,* porém,
ainda não existíamos), como
em todas as galáxias,
estrelas nascem, outras morrem.

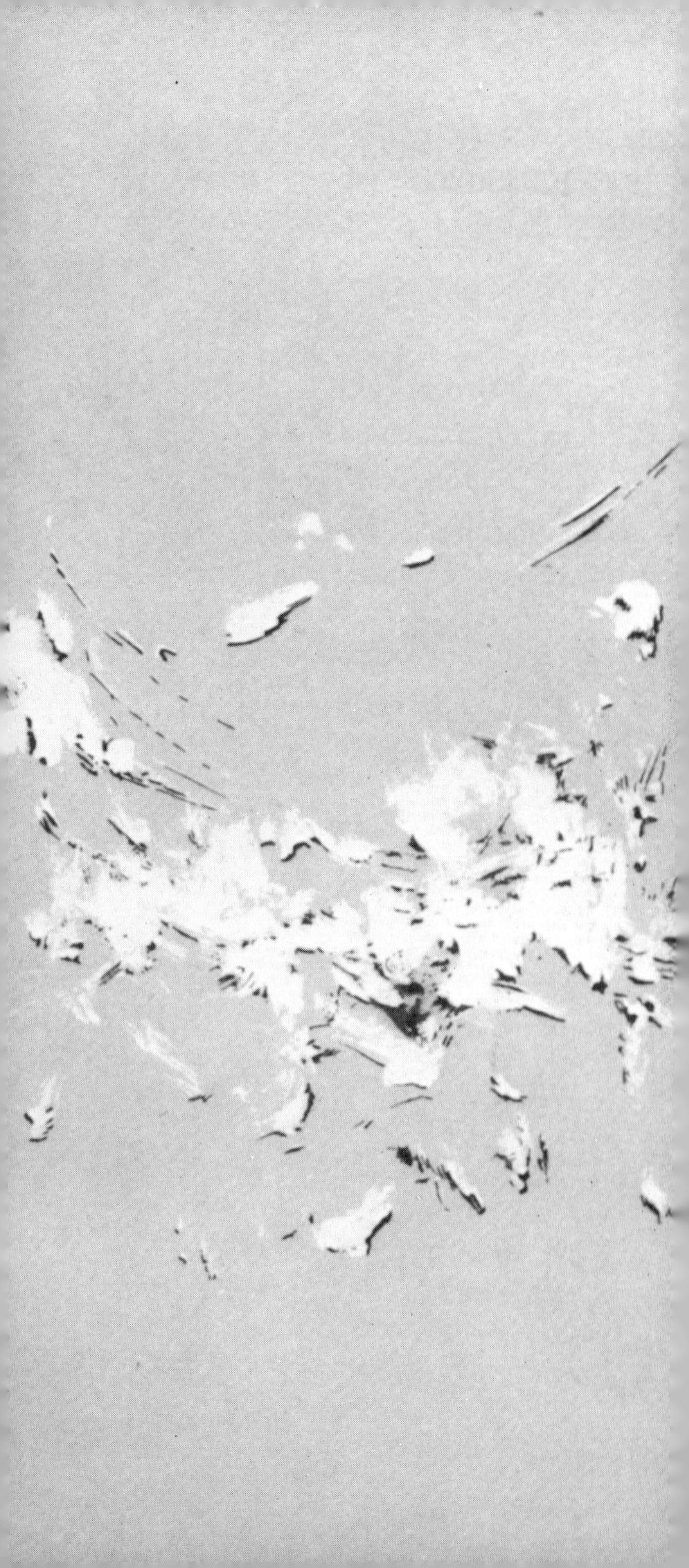

HÁ
SETE BILHÕES
DE ANOS...

Faz cada vez mais frio
no Universo cada vez mais imenso.

HÁ
SEIS BILHÕES
DE ANOS...

Em nossa galáxia, que gira
lentamente em torno de seu centro,
amontoam-se nuvens de poeira.

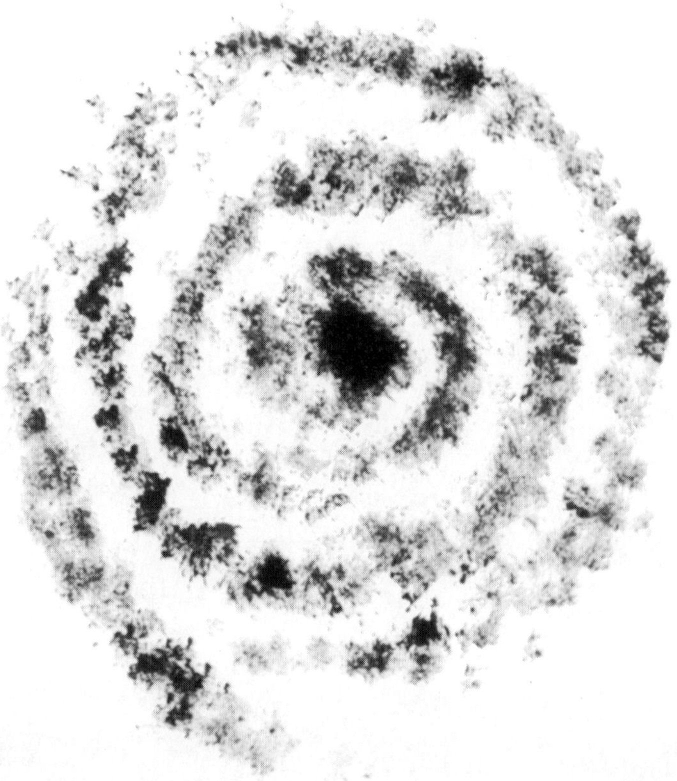

HÁ
CINCO BILHÕES
DE ANOS...

De repente,
uma das nuvens desmorona
sobre si mesma, se condensa:
nasceu o Sol,
e Mercúrio, e Vênus,
e a Terra,
e Marte, e Júpiter e Saturno,
e Urano, e Netuno e Plutão,

e bilhões de asteróides
e de cometas.

NASCEU O SISTEMA SOLAR

HÁ
QUATRO BILHÕES
DE ANOS...

O Sol brilha e a Terra está em plena comoção; ao resfriar-se, ela se cerca de uma crosta; logo a água vai poder condensar-se; formam-se mares e continentes, sob uma atmosfera crivada de relâmpagos, no estrondo das erupções vulcânicas e das quedas de meteoritos.

E, em algum lugar, num oceano ou numa poça d'água estagnada, no "caldo primitivo", um acontecimento prodigioso se produz:
o aparecimento da vida...

HÁ
TRÊS BILHÕES
DE ANOS...

As primeiras formas de vida são primitivas, balbuciantes. É difícil sobreviver sobre essa terra sacudida por cataclismos: existem somente algumas bactérias para testemunhá-lo.

HÁ
DOIS BILHÕES
DE ANOS...

Eis que surge nossa atmosfera atual,
com o seu oxigênio: a vida pode sair da água.
Desde então, os organismos vivos organizam-se e
diversificam-se: bactérias, algas, cogumelos,
antepassados dos animais e dos vegetais.

HÁ
UM BILHÃO
DE ANOS...

É a explosão da vida.
Eis que aparece a reprodução sexuada.
É o desenvolvimento extraordinário dos vertebrados, dos mamíferos e de todas as espécies de vegetais e de animais.

Um pouco mais tarde surge o reino dos dinossauros, depois, o dos grandes macacos e, finalmente,

HÁ ALGUNS MILHÕES DE ANOS,
SURGE UM SER EXTRAORDINÁRIO:

O HOMEM

Ontem, o Universo

Introdução

A história do Universo é uma sucessão de acontecimentos fantásticos. As páginas precedentes situam seus grandes momentos, comoções extraordinárias que se desenrolaram há muito tempo, nos imensos espaços do Cosmos. Este livro relata sua história, destacando conhecimentos atuais sobre o que se desenrolou, no decorrer do tempo, desde o nascimento do Universo até os balbucios da vida.

O tempo que passa será o nosso guia. Quando e como nasceram o Universo, o Sol e a Terra, enfim, a vida na terra? Vamos nos esforçar por situar esses acontecimentos prodigiosos no tempo, ou seja, dar uma idade ao Universo, à Terra, à vida. Essa tarefa pode ser bem realizada graças aos métodos científicos de datação, dos quais examinaremos o princípio e as condições de aplicação. Tais métodos, surgidos há apenas 20 anos, tiveram seu campo de ação estendido primeiro à arqueologia — onde as idades se contam em milhares de anos —, em seguida, aos grandes períodos geológicos da história da Terra, na escala do milhão de anos.

No que concerne aos fenômenos astronômicos, as durações implicadas são ainda maiores: neste livro, as idades se contam em *bilhões* de anos. Mas uma pergunta que faz com que nos detenhamos um instante impõe-se: o que representa 1 bilhão de anos? Muito, sem dúvida. . . e provavelmente muito mais do que 1 milhão. . . Com toda a honestidade, devemos confessar nossa incapacidade para concretizar a noção de milhão ou de bilhão, porque nunca provamos ou sentimos, em nosso corpo, o que pode ser essa duração.

Sem dúvida, ninguém jamais contou sequer até 1 bilhão. Com efeito, 1 bilhão de segundos representa uma duração de 34 anos: alguém que se pusesse a contar os segundos que passam, digamos a partir da idade de 10 anos, atingiria o bilhão com a idade de 44 anos, os 2 bilhões por volta dos 78 anos, com a condição de contar sem parar para comer ou dormir. . .

Então façamos uma pequena brincadeira: vamos suprimir por alguns instantes a palavra "bilhão" de nosso vocabulário, e reduzir toda a história do Universo e do homem às mesmas proporções. Eis o que obtemos: o Universo nasceu há 15 anos; a idade do Sol e da Terra não chega a 5 anos; o homem somente apareceu sobre a Terra ontem e construiu as Pirâmides há 1,5 minutos; a Revolução Francesa data de 10 segundos; Neil Armstrong acaba de colocar o pé na Lua há meio segundo. A redução é impressionante e nos mostra a que ponto a aventura humana representa pouco tempo na história do Universo: um dia comparado a 15 anos. E que isso nos sirva de lição: desconfiemos do antropocentrismo!

Este livro foi escrito sem se supor que o leitor possua uma cultura científica. A maior parte das noções necessárias à compreensão do relato será introduzida à medida de sua progressão.

O leitor interessado em um conhecimento mais profundo das leis físicas utilizadas encontrará em anexo, no final deste livro, uma completa introdução ao fenômeno de radioatividade, uma exposição pormenorizada dos métodos de datação utilizados em astrofísica, na escala do bilhão de anos, bem como alguns complementos concernentes à análise das pedras meteoríticas e às "anomalias" que algumas delas apresentam em relação à média.

Enfim, uma bibliografia permitirá ao leitor desejoso de mais conhecimento encontrar em obras especializadas alguns esclarecimentos a respeito de certas partes da longa e apaixonante história do Universo.

Os meteoritos e sua análise

No dia 21 de julho de 1969, às 3 horas e 56 minutos*, pela primeira vez o homem pisou na Lua, concretizando um dos mais velhos sonhos da humanidade, pois, desde que existe, o homem sempre teve que se contentar em contemplar o astro das nossas noites. É bem verdade que a Lua não está tão longe de nós. Na escala astronômica, ela faz parte dos subúrbios da Terra!

Se é possível a todas as pessoas olhar e admirar a Lua, o Sol e as estrelas, é muito mais difícil saber de que são feitos esses astros, de onde vêm, de que infinito fazem parte e quando nasceram. Pode-se pensar que, para responder a essas perguntas, não basta ver as coisas de longe, é preciso também poder tocá-las, a fim de explorá-las, fazer sua análise. Nesse sentido, parece que a Lua ficará sendo, por muito tempo ainda, o único corpo celeste acessível à nossa exploração direta e do qual se trarão fragmentos.

Será que a nossa sede de conhecimentos deve se contentar com a contemplação da crosta terrestre e com alguns ínfimos pedaços de Lua? Claro que não! Desde que existe, a Terra é bombardeada por objetos estranhos, os meteoritos. Como veremos logo mais, os meteoritos vêm de longe, de muito mais longe que a Lua. Essas pedras que caem do céu fizeram uma fantástica viagem, durante bilhões de anos, e são, sobretudo, testemunhas privilegiadas de um acontecimento prodigioso que se desenrolou há muito mais tempo: o nascimento do sistema solar.

Sem negligenciar as informações que fornecem as análises de rochas terrestres e lunares, os físicos atribuem interesse bastante particular aos meteoritos. Sua estrutura, sua composição, as características físicas que apresentam constituem vultosas informações. É mais ou menos como se descobríssemos alguém que tivesse assistido aos primeiros dias da Terra! E não faltam perguntas a serem feitas a tal testemunha.

---

* No Brasil, dia 20 de julho de 1969, às 23 horas e 56 minutos. (N. do R.T.)

Este capítulo é consagrado, portanto, ao estudo dos meteoritos, pois, como se descobrirá no curso deste livro, esses objetos nos revelaram muitas coisas a respeito da história dos corpos celestes. Eles podem, particularmente, ser datados por diversos métodos que constituem o principal informante, permitindo o acesso à idade da Terra e do sistema solar.

UM POUCO DE HISTÓRIA

Em todos os tempos, os homens se impressionaram com a queda dos meteoritos. De fato, o espetáculo é grandioso: um rastro de luz atravessa o céu a uma velocidade de 10 a 20 quilômetros por segundo, acompanhado de um barulho de trovão prodigioso. Esses fenômenos, visíveis numa extensão de vários milhares de quilômetros quadrados, aterrorizavam as populações. Um acontecimento desses, evidentemente, não passava despercebido. Nos primeiros tempos da nossa era, cunhavam-se, nessa ocasião, medalhas comemorativas.

Na Antigüidade, os homens conheciam a origem dessas pedras. Foram encontrados hieróglifos em uma delas que significavam "pedra caída do céu". Os egípcios, aliás, utilizavam alguns desses meteoritos que, às vezes, contêm ferro em estado de metal quase puro. Encontraram-se ferramentas e armas forjadas com ferro proveniente desses meteoritos. Os gregos e os romanos, por sua vez, conheciam a origem extraterrena dessas pedras e, durante muito tempo, atribuíram um poder mágico a esses objetos como o fizeram muitos outros povos. Em diversas civilizações, alguns meteoritos eram até divinizados. É provável que a famosa Pedra Negra de Meca, santuário do Islão, seja um meteorito. Curiosamente, a atitude mudou na Idade Média, pois, se o mundo greco-romano nos deixou numerosos testemunhos de seu elevado nível cultural, a humanidade iria entrar, em seguida, em um longo período de obscurantismo*.

---

* Sob o ponto de vista científico podemos observar que cerca de 2 milênios separam Aristóteles de Galileu e Newton.

Foi encontrada uma descrição detalhada da queda de um meteorito a 18 de novembro de 1492, em Ensisheim, na Alsácia: a idéia de que aquele objeto vinha do céu foi oficialmente negada. Ele pesava, originalmente, 158 quilos e foi quebrado durante a Revolução Francesa... No dia 13 de setembro de 1768, uma outra queda em Lucé, perto de Chartres, comoveu a opinião pública. Foi redigido um relatório com vistas à Academia Real das Ciências que decidiu enviar uma comissão para tratar do assunto. Qualquer pessoa pode se enganar, mesmo Lavoisier, tão perspicaz em outras ocasiões: a comissão presidida por ele declarou que se tratava apenas de um pedregulho vitrificado por um raio e o rejeitou como sendo sem interesse. Foi, então, quebrado e perdido.

Foi preciso esperar o século XIX para se verificar uma mudança de mentalidade: no dia 26 de abril de 1803, uma verdadeira chuva de pedras caiu nas cercanias de Aigle, na província do Orne. Cerca de 3.000 pedaços foram encontrados sobre uma superfície de aproximadamente 50 quilômetros quadrados. Também dessa vez, a Academia das Ciências enviou observadores que tiveram de se render à evidência: na verdade, tudo aquilo tinha mesmo caído do céu!

A tradição popular ainda atribui um poder mágico a esses objetos. Em lugarejos do interior, são chamados "pedras de raio", o que mostra simplesmente que sua queda se faz acompanhar de um clarão e um troar de trovão. Às vezes, são encontrados sob esse nome sílices talhados pelo homem pré-histórico, e sua origem também era atribuída ao raio. Seja como for, o camponês que achasse tais objetos guardava-os como preciosidades, fixando-os na parte de cima da porta de entrada de sua habitação: a casa ficava, assim, protegida contra incêndio...

A METEOR CRATER DO ARIZONA

Quando um meteorito muito grande cai sobre a Terra, evidentemente deixa marcas. Forma-se o que se chama uma cratera meteórica cujas dimensões mostram a violência do impacto. Procurou-se encontrar essa relação quantitativa, determinando-se a energia posta em jogo na colisão entre um objeto que se desloca a grande velocidade e a superfície terrestre. Foram realizadas experiências em laboratório que permitem calcular o tamanho de um meteorito a partir das dimensões de sua cratera.

O local mais célebre e, com certeza, mais visitado encontra-se no Arizona e é chamado *Meteor Crater:* seu diâmetro é de 1.200 metros e sua profundidade avizinha-se dos 250 metros. Calcula-se que a energia do meteorito que produziu essa cratera era equivalente a uma bomba atômica de cerca de 5 megatons, isto é, quase duzentas e cinqüenta vezes a potência da bomba que destruiu Hiroxima. É fácil compreender que não tenha restado muita coisa do objeto responsável pelo choque que produziu a fusão do solo. Pensa-se que se tratava de um pedaço de ferro de aproximadamente 25 metros de diâmetro que se fragmentou e vaporizou no momento do impacto.

Essa cratera meteórica seria a única na face da Terra? Trata-se, sem dúvida, da marca mais nítida do impacto de um grande meteorito. No entanto, outros devem ter se produzido, em tempos mais recuados, e suas marcas foram apagadas pela erosão... Há 10 anos, um cuidadoso estudo das fotografias aéreas, tomadas em diversas partes da Terra, levou à descoberta de uma dezena de outros locais comparáveis, em regiões menos áridas que o Arizona, cuja vegetação vai apagando as marcas pouco a pouco.

O DIA 30 DE JUNHO DE 1908, NA SIBÉRIA

Naquele dia viu-se uma espécie de bola de fogo atravessar o céu. Sua corrida terminou em uma gigantesca explosão. A onda de choque criada por essa explosão foi registrada por diversos observatórios e, durante alguns dias, uma fina poeira espalhou-se na atmosfera do hemisfério norte. Dá-se a esse curioso fenômeno o nome de a catástrofe de Tunguska. Aconteceu no coração da floresta siberiana, nas cercanias do lago Baikal. Na época, porém, a Rússia czarista tinha outras preocupações, e foi preciso esperar cerca de 10 anos para que fosse enviada uma expedição a esses lugares. Descobriu-se, então, que a floresta tinha sido açoitada por uma ventania e queimada por centenas de quilômetros quadrados — as árvores deitadas indicavam a direção do deslocamento da bola de fogo. Por ocasião dessa investigação, foram encontradas testemunhas do acontecimento que tinham ficado aterrorizadas pela violência da explosão e tinham assistido, em seguida, a um gigantesco incêndio. Mas o maior mistério era a ausência de cratera ou de fragmentos do projétil que se chocara com a Terra naquela dia.

A interpretação desse fenômeno extraordinário deu lugar a muitas elucubrações. Sob uma aparência científica, atribuiu-se a catástrofe a um pedaço de antimatéria ou, ainda, à explosão da primeira bomba atômica, mas não foi encontrado nenhum traço de radioatividade residual que teria sido fatalmente criada por ocasião de um fenômeno relacionado com a energia nuclear. Hoje se pensa que a explosão a que as testemunhas assistiram produziu-se na atmosfera, a uma altitude de cerca de 5 quilômetros: os fragmentos resultantes da divisão do projétil em pedacinhos teriam, então, se dispersado sobre uma grande superfície.

Duas teorias dividem atualmente a opinião dos especialistas.

Uma atribui esse acontecimento a uma causa de natureza meteórica: naquele dia, talvez, um desses objetos chegou à atmosfera terrestre e aí se pulverizou.

A outra consiste em admitir que se tratava do fragmento de um cometa. Veremos mais adiante que esses objetos, compostos esssencialmente de gelo, encerram somente alguns gramas muito pequenos de matéria rochosa ou metálica. Essa hipótese explicaria por que nenhuma cratera resultara do impacto. Parece que, graças a diversos cálculos de trajetórias, teria sido possível identificar o cometa do qual se teria desprendido um pedaço...

COMETAS, METEOROS E METEORITOS

A queda dos meteoritos não é, certamente, o único fenômeno luminoso que o homem pode observar no céu: a passagem dos cometas é um outro. Alguns deles foram observados pelos astrônomos chineses há mais de 3.000 anos. Diversas obras literárias ou artísticas também fazem referência a isso*.

Existem cometas bem visíveis e que podem ser observados a olho nu, dia após dia, ou melhor, noite após noite: sua visibilidade pode durar vários meses. Deixemos de lado os significados fantasiosos que lhes foram atribuídos no passado, para discutirmos o que se sabe hoje sobre eles. Os cometas são restos da formação do sistema solar e descrevem órbitas de dimensão muito grande em torno do Sol. Ao contrário dos planetas bastante conhecidos do nosso sistema solar que giram em torno do Sol sobre trajetórias quase circulares, os cometas deslocam-se em elipses. Nessa trajetória elíptica, o ponto mais afastado em relação ao Sol é tão distante que esses objetos escapam praticamente à atração que esse astro exerce sobre eles. Na outra extremidade da elipse, porém, o cometa encontra-se bem próximo do Sol. Da mesma maneira que podemos ver a Lua graças à luz solar que ela recebe e nos reflete, os cometas são visíveis em certos momentos de seu périplo porque o Sol os ilumina. Compreende-se assim que o grau de visibilidade dos diversos cometas seja maior ou menor segundo seu tamanho, sua distância em relação à Terra e ao Sol e sua velocidade de deslocamento.

Na verdade, os cientistas têm observado os cometas há muito tempo. Hoje, graças a instrumentos de análise aperfeiçoados, pode-se conhecer a composição química de um objeto cuja luz recebemos, mesmo que ele esteja muito afastado de nós. Desde o século passado, sabe-se, por exemplo, que os cometas são circundados principalmente por gás cianogênio — perigoso composto que foi a base do produto de sinistra memória usado mais tarde pelos nazistas nas câmaras de gás... Quando o cometa de Halley foi visível da Terra, em 1910, astuciosos charlatães fizeram fortuna, vendendo máscaras contra gás! O certo é que os cometas passam

* O cometa de Halley, por exemplo, foi observado no ano 12 antes da nossa era. Ele figura na tapeçaria da rainha Mathilde, em Bayeux, bordada no século XI, depois no quadro da Adoração dos Magos, de Giotto (século XIV); em 1577, falou-se muito do Grande Cometa etc.

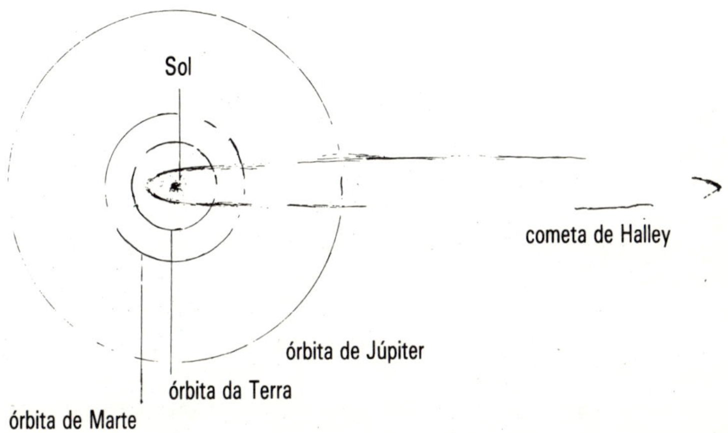

De todos os cometas, o Halley é, certamente, o mais célebre. Sua trajetória forma uma elipse cujo ponto mais afastado se situa nos confins do sistema solar.

longe da Terra, e sua passagem nos expõe a menos riscos de intoxicação do que os gases expelidos pelo escapamento dos automóveis.

Várias vezes citamos o cometa de Halley. Observado já na Antigüidade, ele foi visível principalmente em 1531, 1607, 1683, 1759, 1835 e 1910. Sua passagem acontece a cada 76 anos aproximadamente. Seu próximo aparecimento deverá ocorrer em 1986 (e o seguinte será somente em 2062!). Cinco sondas espaciais vão aproveitar esta passagem para tentar saber mais sobre a composição dos cometas e, principalmente, sobre seu núcleo; entre elas, a sonda européia *Giotto* deve passar, no dia 13 de março de 1986, a 500 quilômetros desse núcleo. Não se exclui, entretanto, a possibilidade de que a sonda e seus instrumentos científicos fiquem danificados, sem poder funcionar, devido aos grãos de poeira que ele irá encontrar ao se aproximar do núcleo do cometa à velocidade de 70 quilômetros por segundo.

Esclareçamos em algumas palavras a composição dos cometas. Costuma-se representá-los como um núcleo em forma de bola brilhante, que se prolonga de um lado por um penacho, formando um rastro muitas vezes chamado cauda do cometa. Sabe-se, hoje, que seu núcleo é constituído, em pequena parte, de grãos pequeníssimos de "poeira interestelar", de composição parecida com a das rochas terrestres ou lunares, e, na maior parte, de compostos leves como a água, o gás carbônico etc. Pode-se considerar, *grosso modo,* que o núcleo de um cometa é uma gigantesca bola de neve suja na qual se teriam incluído, inadvertidamente, alguns grãozinhos de areia. A cauda, ou cabeleira, do cometa é formada por uma parte desse núcleo que dele foi arrancada, por influência dos raios e das partículas oriundas do Sol, formando o que se chama o "vento solar" que varre o espaço.

Vamos repetir essa propriedade essencial: um cometa por si mesmo não é incandescente. Somente é visível da Terra se estiver próximo do Sol o suficiente para que este o ilumine bem. A cauda de um cometa não é devida de modo algum ao atrito da atmosfera terrestre, e só excepcionalmente um pedacinho de cometa pode se aproximar da Terra o bastante para ser capturado e tornado mais lento pelo atrito com o ar: foi, talvez, uma situação dessas que, em 1908, produziu uma bola de fogo, causando a catástrofe de Tunguska.

Inteiramente diferente é o caso dos meteoros e meteoritos: se a observação dos cometas pode estender-se por muitos dias e até meses com a ajuda de instrumentos astronômicos, sabe-se que a queda dos meteoros é um fenômeno fugaz e imprevisível. O breve clarão que se percebe é devido ao atrito do objeto com a atmosfera terrestre que dele tira fragmentos tornados incandescentes. Os meteoritos, como veremos mais adiante, são corpos sólidos que contêm metais ou compostos análogos a nossas rochas.

De onde provêm eles? A observação precisa de sua trajetória na atmosfera terrestre e os cálculos de mecânica mostraram que a origem dos meteoritos se situa em alguma parte no sistema solar, entre as órbitas de Marte e de Júpiter. Entre esses dois planetas, existe um cinturão de asteróides que giram em torno do Sol como os outros planetas. Esses asteróides são de tamanho muito variável: desde grãos de areia a blocos maciços de dimensão quilométrica. Entretanto, tudo isso é demasiadamente pequeno para ser visto da Terra, pelo menos sem instrumentos. Essa poeira e esses blocos formaram-se ao mesmo tempo que o restante do sistema solar, mas seguiram uma evolução diferente da que tiveram os planetas.

Os meteoros aparecem para o observador terrestre mais ou menos como a queda de um meteorito: formam um clarão fugaz visível em noite clara. Diferentes dos meteoritos, sempre isolados, os meteoros são, às vezes, visíveis em feixes, formando "uma chuva de meteoros" que se produz em certos momentos do ano em uma região precisa do céu. Assim acontecem os chuveiros das Perseidas em agosto, das Leônidas em novembro etc. Essa espécie de periodicidade é uma indicação a respeito de sua origem: os meteoros são formados por grãos muito pequenos que são restos de cometas. Com efeito, os cometas, após repetidas passagens nas proximidades do Sol, durante as quais perdem uma parte de seu gelo, acabam por se fragmentar e desaparecer. Os grãos e poeiras que encerravam continuam sua viagem e alguns acabam sobre a Terra onde se consomem, após terem ficado incandescentes pela ação do atrito na atmosfera terrestre, a uma altitude próxima dos 100 quilômetros.

QUANTOS METEORITOS CAEM?

A Terra é constantemente "bombardeada" por uma poeira meteórica. No total, a massa assim depositada sobre a Terra é considerável: calcula-se em 100.000 toneladas por ano. Certamente, se se repartisse toda essa quantidade sobre a superfície da Terra, ter-se-ia uma camada bem tênue: apenas 0,2 miligramas por metro quadrado e por ano. Mas nem tudo cai sob forma de poeira. Às vezes, pedrinhas chegam ao solo. A distribuição dos meteoritos segundo seu peso varia em proporção inversa deste: um meteorito de 100 quilos é cerca de cem vezes menos provável do que um de 1 quilo. Em outras palavras, caem cem vezes mais meteoritos de 1 quilo do que de 100 quilos. Calcula-se que, aproximadamente, uma vez por ano cai um meteorito de pelo menos uma tonelada, e que é preciso esperar em média 100.000 anos para ver chegar um de 100.000 toneladas.

Notemos que 100.000 toneladas de poeira por ano pouco significam na escala da Terra. Como vimos, esses objetos saíram de um cinturão de asteróides que gravitam ao redor do Sol entre Marte e Júpiter. Imaginemos que um grande asteróide de, por exemplo, 1 quilômetro de raio, chegasse à Terra. Somente ele traria consigo perto de 30 bilhões de toneladas de pedras, o que ainda é pouco em relação à massa da Terra (cerca de 6.000 bilhões de bilhões de toneladas) mas, mesmo assim, representa trezentas mil vezes o que cai sobre a Terra em um ano — isso deveria ser considerado. Por acaso ter-se-ia produzido, no passado, um acontecimento assim? É provável, e alguns pensam que foi um acontecimento desse gênero, há cerca de 65 milhões de anos, o responsável pela brusca extinção das diversas espécies de dinossauros.

Voltemo-nos agora para a Lua e vejamos o que ela pode nos ensinar de longe. Mesmo a olho nu, nela se distingue um relevo: parece haver gigantescos vulcões extintos. Mas olhemos de preferência uma fotografia tomada no telescópio, ou melhor, uma dessas belas imagens que dela fizeram os viajantes das missões *Apollo* de 1968 a 1972. A superfície da Lua aparece crivada de crateras. O mesmo acontece com alguns outros planetas ou com seus satélites — as fotografias recentemente transmitidas pela sonda planetária *Voyager* dão testemunho disso. Se examinarmos bem as crateras que a superfície da Lua apresenta, perceberemos que, em sua maioria, são de borda arredondada, deteriorada, e não apresentam as mesmas paredes abruptas como, por exemplo, a cratera meteórica do Arizona. Algumas, entretanto, têm um aspecto singular: parecem cercadas de raios claros.

Os astrônomos levaram algum tempo para compreender o aspecto da Lua e, principalmente, que lá se viam os sinais de uma certa erosão, pois, embora a superfície lunar seja desprovida de água e de atmosfera, o solo se modifica lentamente, sob a ação das poeiras meteóricas, por um lado, e das variações de temperatura entre o dia e a noite lunares, por outro. Dessa forma, as crateras cercadas de raios são relativamente jovens, sendo que esses raios são constituídos por um fino pó depositado pela explosão provocada pela colisão do meteorito com o solo lunar. Já nas crateras antigas, esse pó está coberto por uma poeira que lhe dissimula os raios.

Em uma boa fotografia é fácil contar o número de crateras de diâmetro, digamos, superior a 1 quilômetro que a Lua comporta. Multiplicando-se esse número pela razão das superfícies da Terra e da Lua, pode-se deduzir* que uma tal cratera deve se formar sobre a Terra mais ou menos a cada 50.000 anos. Reencontramos, então, a *Meteor Crater* do Arizona, cuja idade se calcula em 20.000 ou 30.000 anos, e se compreende por que mais nenhuma outra tenha ocorrido. No passado, muitas crateras deviam se formar, mas a ação combinada do ar e da água na superfície da Terra apaga as irregularidades e é preciso esgravatar a terra, retirar toda espécie de entulho e de aluviões que se depositaram, para reencontrar a marca dos acontecimentos passados.

Na Lua, onde a erosão é menos intensa, as marcas do passado ficam visíveis durante mais tempo. Graças às nove alunissagens, realizadas durante os programas *Apollo* e *Luna* e que permitiram trazer um total de quase 400 quilos de amostras de solo lunar, retiradas de diversos lugares, puderam-se datar, pelo método que vamos analisar mais adiante, vários tipos de crateras.

O conhecimento do índice de queda dos meteoritos no passado é um dos resultados dessa exploração lunar. Sabe-se que esse índice decresceu rapidamente desde o começo da existência do sistema solar. Esses acontecimentos tornaram-se raros em nossos dias, mas eram talvez vinte a cem vezes mais freqüentes há 4 ou 5 bilhões de anos. Tais dados nos permitem compreender como se modelou a superfície da Terra.

A ANÁLISE DOS METEORITOS

Existem nos museus de mineralogia, como o Museu de História Natural, em Paris, ou a Smithsonian Institution, em Washington, algumas belas coleções de meteoritos. No decorrer dos séculos, foram recolhidos cerca de 2.200 meteoritos. Mas, no espaço de alguns anos, esse número praticamente dobrou graças a uma

* Depois de se dividir o resultado pela idade da Terra. (N. do R.T.)

formidável coleta organizada recentemente sobre o continente antártico onde o gelo conservou boa parte dos meteoritos, com a vantagem suplementar de abrigá-los da poluição atmosférica*.

Foi um fato extraordinário ter sido possível recolher uma pedra cuja composição é exatamente a mesma do solo lunar. O impacto de um meteorito muito grande sobre o solo lunar teria projetado esse fragmento de Lua sobre a Terra. Mas esse é um caso completamente isolado, e as pedras recolhidas na Antártida tiveram, em sua maioria, um destino mais banal.

Trata-se, em geral, de fragmentos de meteoritos maiores que se quebraram por ocasião de sua travessia pela atmosfera terrestre. Alguns são muito sólidos, outros menos, e estes últimos apresentam a tendência de se fragmentar conforme os planos de clivagem dos minerais que eles encerram. É preciso lembrar que sua velocidade de queda é considerável, variando de cerca de 10 a aproximadamente 50 quilômetros por segundo, conforme seu tamanho e seu ângulo de entrada na atmosfera. Ao se fragmentarem, os pedaços resultantes ficam dispersos sobre grandes superfícies de vários quilômetros quadrados**.

De que são compostos os meteoritos? Seu aspecto exterior é invariavelmente o mesmo, sua superfície é sempre mais ou menos vitrificada: o atrito a grande velocidade com o ar provoca efetivamente um aquecimento suficiente para fazer fundir a camada mais externa. Esse fenômeno superficial é igualmente responsável pela

---

* Por causa dos lentos movimentos dos blocos de gelo, existem regiões na Antártida, situadas em seu contorno, nas quais essas pedras voltam à superfície; podem-se, então, apanhá-las facilmente, após serem descobertas por meio de helicóptero.

** Enfim, são raros os meteoritos que chegam ao solo sem estourar. Pode-se citar o meteorito chamado *Allende,* nome da aldeia mexicana onde caiu, em 1969. Esse objeto é famoso no mundo da astrofísica não somente por ser grande, quase duas toneladas, mas por terem-no visto cair, recuperando-o e colocando-o imediatamente a salvo das intempéries! Dessa maneira, pôde-se dispor de algo que veio do céu, sem que o nosso mundo impuro tivesse tempo de corrompê-lo. As informações que nos revelou o meteorito *Allende* são de um alcance fantástico, e pode-se dizer que ele é a fonte direta de nossas idéias sobre a formação do sistema solar.

coloração negra dos meteoritos que caíram recentemente. Na análise, constata-se que seu conteúdo varia em grandes proporções. À guisa de classificação, os meteoritos foram organizados em categorias de limites, às vezes pouco nítidas, mas que auxiliam no esclarecimento de alguns pontos.

Os *sideritos,* ou meteoritos ferrosos, são essencialmente compostos de uma liga com cerca de 92% de ferro e 7% de níquel, constituindo-se o restante de metais mais raros. Não se pode deixar de ficar impressionado pelo fato de que o ferro e o níquel também são os prováveis principais componentes do núcleo da Terra — daí a admitir-se que esses meteoritos provêm de pequenas Terras em miniatura é apenas um passo — e, certamente, esses objetos podem nos ensinar muito sobre como a Terra se "diferenciou" em núcleo e crosta.

Os *aerólitos* (etimologia *aer:* ar, *litos:* pedras) são muitíssimo mais abundantes. Não contendo ferro, ou não mais que a média da crosta terrestre, são pedras análogas às que se encontram na superfície da Terra. São compostos, portanto, essencialmente de silicatos complexos de cálcio e de magnésio.

Entre esses aerólitos, constituíram-se subgrupos. Chamam-se *condritos* os meteoritos pedregosos que encerram pequenas esferas onde os silicatos, componentes da pedra, estão cristalizados. Esses pequenos núcleos, chamados côndrulos, têm, portanto, a mesma composição de silicato que o restante da rocha, mas testemunham, por força de sua estrutura cristalina, uma fusão e uma cristalização. Os condritos são muito abundantes entre os meteoritos, dos quais representam cerca de 70 a 80%, mas infelizmente são, com freqüência, muito pequenos. Denominam-se *acondritos* os aerólitos que não encerram côndrulos: são rochas que se assemelham muito às rochas ígneas da superfície terrestre, tais como os basaltos que se encontram nos maciços vulcânicos.

Enfim, uma terceira categoria compreende os *siderólitos:* a etimologia desse termo indica que esses meteoritos são pedregosos e, ao mesmo tempo, encerram ferro. Podem-se considerá-los ora como sideritos ricos em silicatos, ora como aerólitos ricos em ferro e níquel. Aí também existem subdivisões, mas não entraremos no pormenor de sua classificação.

Entre todos os tipos de meteoritos que acabamos de citar, os mais interessantes e, felizmente, também os mais abundantes são os condritos. Eles apresentam, com efeito, um caráter inteiramente extraordinário: sua composição química, estabelecida em termos de abundância dos diversos elementos tais como o silício, o alumínio, o ferro, o magnésio etc., é muito parecida com a que existe na superfície do Sol, da qual se conhece a composição graças aos grandes progressos alcançados no século passado, no campo dos instrumentos de óptica e da espectroscopia*.

OS METEORITOS, OBJETOS DE DATAÇÃO

Como vimos, esses objetos misteriosos que, literalmente, caem do céu têm uma propriedade inesperada: a composição química dos condritos é notavelmente constante e muito parecida com a do Sol. Eis aí um fato surpreendente: se analisarmos partes do ambiente que nos cerca, tais como fragmentos de terra, de vegetais, de pedriscos ou de outra coisa, encontraremos uma composição química que parece variar ao infinito; os meteoritos chamados condritos, ao contrário, são praticamente todos formados dos mesmos elementos nas mesmas proporções; e essa composição se parece tanto com a superfície do Sol a ponto de poder ser confundida com ela. Isso é mais do que uma coincidência, um tal conjunto de fatos não poderia ser obra do acaso.

---

* A luz solar é uma "luz branca" que, de fato, é uma mistura de radiações de todas as cores. Se efetuarmos sua análise em laboratório, com um instrumento chamado espectroscópio, constata-se que a distribuição da intensidade luminosa entre as diversas cores não é uniforme. A mesma experiência, chamada análise espectral, pode ser feita sobre uma luz emitida por uma lâmpada incandescente, um tubo fluorescente, uma lâmpada a vapor de sódio, como as que iluminam certas vias públicas, ou faróis a iodo que equipam automóveis. Constata-se, então, que as radiações emitidas pelas diversas fontes de luz são características dos elementos químicos que emitem essa luz: tungstênio, neon, sódio, iodo. No que se refere ao Sol, seu espectro apresenta regiões particularmente brilhantes que permitem identificar os elementos químicos que o compõem.

Portanto, somos naturalmente levados a pensar que os meteoritos têm a mesma origem que o próprio Sol. Em outras palavras, esses objetos são, de certa forma, réplicas do acontecimento que se passou quando da formação do sistema solar... do qual a Terra não passa de uma pequenina parte. É fácil de se conceber o enorme interesse que essas testemunhas privilegiadas apresentam para os físicos.

Assim, se uma das perguntas essenciais que fazemos se refere à idade da Terra, bem como a de certos astros, parece judicioso, então, tentar determinar a dos meteoritos, desde que tal empreendimento seja realizável. Desse modo, essas "pedras de raio", que nada têm a ver com o raio, ou ainda, essas "pedras de lua", que não vêm da Lua, tornaram-se, de alguns anos para cá, objetos de datação e, após múltiplas peripécias, nos revelaram a idade da Terra e do sistema solar.

Os cronômetros do tempo passado

QUE É DATAÇÃO?

Antes que o homem tivesse registrado por escrito os principais acontecimentos de sua história, de que meios dispunha para situá-los no tempo? Para dar alguns exemplos, citemos os tipos de perguntas que podemos fazer: de quando data o povoamento do Alto Egito? Qual é a idade das pinturas da gruta de Lascaux? Em que época os homens começaram a cultivar o trigo e a criar os animais? Se formos mais longe no passado, as perguntas chegam à origem do homem... Aí estão, portanto, muitos pontos ignorados que a datação deve esforçar-se por esclarecer. Se for possível, a datação deve tentar precisar o que se passou sobre a Terra antes que o homem nela tivesse deixado impressa a sua marca: a história da vida sob todas as suas formas, vegetal e animal, bem como a dos tempos geológicos que modelaram nossa paisagem com seus oceanos, suas montanhas e suas planícies.

Nossa ambição, aqui, será maior ainda: propomo-nos a contar a história do Universo, desde sua criação até o aparecimento da vida sobre a Terra, passando pela formação das estrelas, das galáxias e do sistema solar. Para situar, nesse passado longínquo, os acontecimentos em questão, vamos nos servir dos resultados fornecidos pelos métodos de datação na escala do bilhão de anos. Compreende-se facilmente que a maneira de proceder em relação a tempos tão recuados não seja aquela que é aplicada em arqueologia ou em geologia.

Se, por meio de uma técnica qualquer, chegamos a medir o tempo que decorreu desde um determinado acontecimento, teremos então *datado* esse acontecimento: em outras palavras, teremos atribuído uma *idade* a ele. Na escala astronômica de tempo, podemos dizer agora que os objetos têm uma idade. O mesmo acontece com o Universo, o Sol, a Terra, a Lua, e até mesmo a vida terrestre; há estrelas jovens, outras velhas. Nesta obra iremos tratar da vida das estrelas, do seu nascimento à sua morte. Essas expressões, que para nós evocam instantes precisos de nosso destino, têm sentido um pouco diferente quando aplicadas aos objetos astronômicos. Nessa escala de espaço e de tempo, o bilhão de quilômetros e o milhão de anos não passam de poeira no infinito do Cosmos. Uma estrela poderá levar alguns milhões de anos para se extinguir, e isso não representará mais que um instante cósmico. . .

Devemos nos adaptar a esse tempo astronômico, mas também precisamos limitar nossas ambições. Fechados em nossos costumes de cidadãos civilizados, temos o hábito de respeitar horários. Todos os acontecimentos que assinalam nossa vida cotidiana podem ser cronometrados, colocados em algarismos e números, datados com grande precisão. No que se refere ao nascimento do Sol ou do Universo, será necessário ser menos exigente e não pedir tão grande precisão. Podemos determinar a idade da Terra ou da Lua com uma precisão de apenas algumas dezenas de milhões de anos, aproximadamente. Em termos de precisão relativa, ou seja, de percentagem de incerteza, isso equivale a medir a duração de uma corrida de 100 metros com precisão maior que 0,1 segundos, mais ou menos, e sabe-se muito bem que o homem, munido apenas de seu cronômetro, não é capaz disso. Seria necessário um sistema complicado de cronometragem eletrônica para se chegar a uma tal precisão. . .

Todo método de datação comporta, portanto, uma certa margem de incerteza*, ligada às imprecisões das técnicas de medida e também à validade das hipóteses sobre as quais elas se assentam.

Essa margem de incerteza é contada, aqui, em dezenas ou centenas de milhões, até mesmo em bilhões de anos.

O PRINCÍPIO GERAL DOS MÉTODOS DE DATAÇÃO

Desde que o homem começou a usar a escrita, tem registrado os acontecimentos de sua vida, sobre a pedra ou o papel. Porém,

* Essa incerteza traduz-se em termos do erro possível quanto à idade que for determinada. Dir-se-á, por exemplo, que os grandes dinossauros desapareceram da superfície terrestre há 65 milhões de anos, em cerca de 1 milhão de anos; em outras palavras, esse desaparecimento deve ter ocorrido em um certo momento entre 64 e 66 milhões de anos da nossa época.

antes disso, quais eram os escribas da história, onde estão os relógios do tempo passado, onde encontrar os cronômetros da evolução cósmica? Antes de responder a todas essas perguntas é necessário precisar a noção de data ou de idade: não se pode realizar tal operação a não ser para um *acontecimento dado*. Por esse termo, não se entende obrigatoriamente alguma catástrofe que tenha causado milhares de mortos ou uma notícia extraordinariamente boa. Trata-se simplesmente de precisar que um acontecimento ocorreu em um lugar e a um instante definidos. Assim, "datar a era terciária" é uma expressão que não tem sentido, mas se pode eventualmente datar seu começo e seu fim, se esses dois momentos forem assinalados por acontecimentos característicos.

Voltemos ao exemplo de uma corrida de atletismo. O *starter* dá o sinal da largada, e os fiscais põem em marcha seus cronômetros; estes medem o tempo que passa e, à chegada, basta pará-los e ler a indicação que fornecem. Aparentemente tudo é simples, não há problema, a não ser quanto à precisão da medida e eventuais divergências entre os cronômetros. Pode-se alegar, entretanto, que no começo e no fim da era terciária não havia *starter,* marcadores, juiz na chegada, nem sequer cronômetros. Vejamos com atenção... pois a contribuição da ciência é justamente a de ter mostrado que a natureza possui seus próprios relógios. A questão é simplesmente aprender a encontrá-los e a ler suas indicações.

O exemplo precedente explica o uso, em datação, de termos como cronômetro, colocar no ponto de partida, largada, parada. Enfim, o que deverá dar a medida é um intervalo de tempo separando dois eventos, ou seja, entre partida e chegada, começo e fim, nascimento e morte: o primeiro evento consiste em disparar o mecanismo de funcionamento, após o cronômetro ter sido posto no zero; o segundo, em parar seu movimento, o que será feito no momento atual, que é o da medida, pois se deseja conhecer a idade de um corpo astronômico, que é o tempo transcorrido desde seu nascimento até a época atual.

Vamos agora ao nosso cronômetro: desde que existe, a Terra gira ao redor do Sol, e isso garante ao nosso planeta o ritmo imutável das estações. Podemos perceber esse tempo, natural, pela sucessão das temperaturas que provoca. A natureza e, em particular, o reino vegetal são muito sensíveis a isso. Todos os anos, na primavera, as árvores cobrem-se de brotos e, no outono, as folhas caem em sua maioria. Para conhecer a idade de uma árvore, basta contar o número de camadas de folhas mortas que se amontoaram debaixo dela, com a condição de se ser capaz de se distinguir cada camada, de se ter paciência, e ainda, de se ter a certeza de que ninguém perturbou esse amontoamento bem ordenado. Esse método existe efetivamente na escala dos tempos geológicos, embora sob forma um tanto diferente: é a estratigrafia. Não são somente as folhas mortas que se acumulam, o mesmo acontece com os aluviões na embocadura dos rios ou com as neves do continente antártico. Tais fenômenos são, com efeito, testemunhas do passado e permitem explorar seus acontecimentos.

No que concerne aos tempos astronômicos, a questão é mais delicada. Bom seria se nos meteoritos, a cada ano ou milhão de anos, desde sua formação, fosse assinalado um tracinho legível que nos permitisse contar o tempo. A coisa talvez não seja tão simples, mas tem origem na mesma ordem de idéias, pois a passagem do tempo teria conseguido deixar sua marca sobre esses objetos, de modo que sua forma, conteúdo e aparência talvez tenham-se modificado de acordo. De maneira bem geral, os métodos de datação têm a ver com fenômenos físicos que dependem do tempo. O mais utilizado desses fenômenos é a radioatividade da qual veremos o uso mais adiante.

Antes disso, vejamos quais as condições necessárias para que um dado fenômeno possa ensejar a datação. Em primeiro lugar, evidentemente, é preciso que o evento a datar tenha marcado o corpo observado, isto é, que tenha deixado um "sinal" que irá representar o ato de colocar o cronômetro no ponto zero. Em seguida, é necessário que esse sinal tenha evoluído de alguma maneira, no decorrer do tempo. Sob esse aspecto, datar um evento consiste em medir a evolução de sua marca.

UM EXEMPLO: A HIDRATAÇÃO DA OBSIDIANA

Conforme o método utilizado, a evolução que acabamos de mencionar pode tomar formas diversas. O exemplo a seguir permitirá compreender o que se passa. Embora se possa aplicar esse método, tal como é, a tempos astronômicos, ele nos permitirá distinguir a extensão dos problemas a resolver.

A obsidiana é uma pedra de origem vulcânica e de aspecto vítreo. Já lapidada pelos joalheiros pré-históricos, ela chegou a ser objeto de um comércio florescente nos tempos antigos. Mas, se a pedra recentemente lapidada tem características francas e homogêneas, constata-se que as obsidianas mais antigas apresentam uma composição variável: nas proximidades de sua superfície e na própria superfície a pedra hidratou-se, isto é, fixou água devido ao contato com o ar que sempre contém uma certa quantidade de água. Medições precisas mostraram que a espessura da camada hidratada aumenta de acordo com o tempo de permanência no ar.

Na figura que se segue são apresentados alguns resultados obtidos a partir de um certo tipo de obsidiana. Vê-se aí, por exemplo, que a camada hidratada atinge uma espessura de 5 mícrons (milésimos de milímetro) ao final de 10.000 anos; 10 mícrons após 40.000 anos, aproximadamente; quase 18 mícrons após 125.000 anos etc. Mas como se sabe isso? Aqui intervém o químico! Primeiro ele nos dirá que conhece bem o fenômeno em questão, ou seja, a hidratação de um corpo sólido; nos ensinará que a espessura da camada hidratada aumenta como a raiz quadrada do tempo transcorrido (uma história complicada de deslocamento de moléculas de água no meio dos átomos de um cristal. . .). E, com efeito, se representarmos as espessuras hidratadas de nossa figura em função da raiz quadrada do tempo em anos, obteremos uma reta cuja equação poderemos facilmente estabelecer; feitos todos os cálculos, no caso de nossa figura, bastará medir a espessura hidratada em mícrons, multiplicar por 20, elevar ao quadrado o resultado e chegaremos à idade que procuramos. Em suma, é bastante simples.

Mas por que multiplicar por 20 e não por 19 ou 342? A resposta está na palavra calibração. Pode-se dizer que esse método

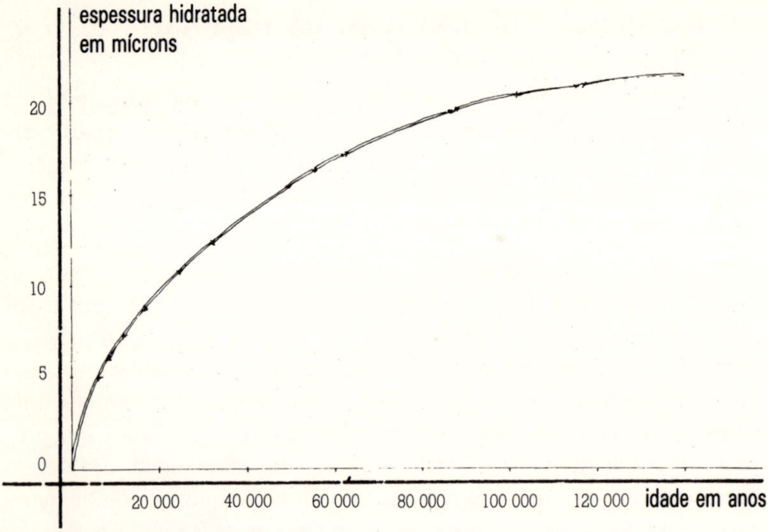

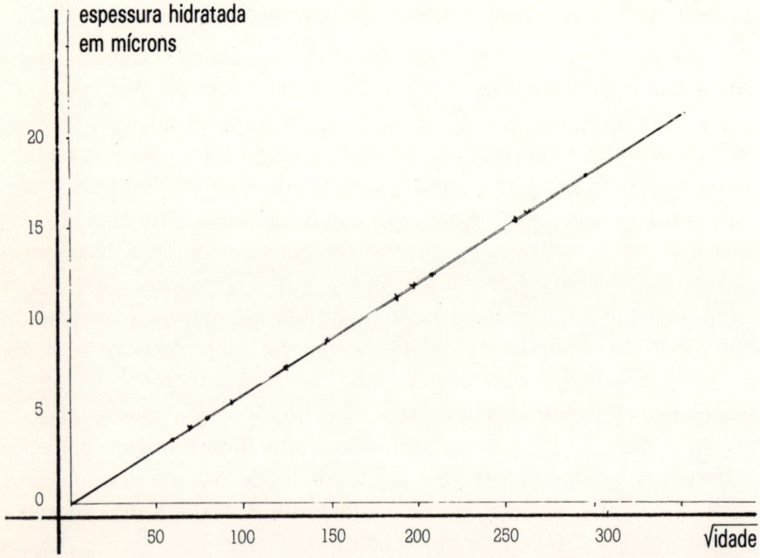

A espessura da camada hidratada na superfície de uma obsidiana aumenta com sua idade. A lei que governa essa variação aparece com mais clareza quando se coloca a espessura medida em função da raiz quadrada da idade: a variação é, então, linear.

foi uma vez por todas calibrado, isto é, determinou-se a inclinação da reta em questão, servindo-se de um ponto cujos sinais distintivos são conhecidos: uma determinada obsidiana da qual se mede a espessura da camada hidratada e cuja idade pôde ser determinada graças a um outro método de datação. Esse exemplo nos permite compreender uma característica comum a muitos métodos: em sua maioria, são métodos *relativos*, ou seja, devem ser calibrados uns em relação aos outros e, sobretudo, em relação a um método absoluto que dará o tempo transcorrido de maneira independente. Veremos que para isso utiliza-se o fenômeno da radioatividade natural.

Uma última precisão do nosso químico: a velocidade de hidratação, ou seja, a inclinação da reta que obtivemos, depende muito da temperatura a que essa pedra foi submetida. Dessa forma, se a temperatura aumenta 20°C, por exemplo, a inclinação da reta em questão duplica. Nesse caso, a uma espessura determinada corresponderá uma idade quatro vezes menor. Vale dizer que o conhecimento dessa temperatura é um importante dado necessário à calibração do método considerado. Tocamos aqui um problema fundamental a tudo que concerne aos nossos métodos, cujo objetivo é determinar a idade de acontecimentos que ocorreram em um passado longínquo. Muitas vezes ignoramos as condições exatas que reinavam na época e, *grosso modo,* supomos que eram mais ou menos as mesmas que agora conhecemos.

De maneira geral, pode-se deduzir que as transformações do meio natural muitas vezes modificaram a marca do evento a datar. A marcha do cronômetro pode ter sido acelerada ou retardada por alguma perturbação. Felizmente, a natureza nos dotou de um relógio imperturbável, indiferente tanto às ondas de calor como às chuvas diluvianas, e que convém agora examinar.

ALGUMAS PALAVRAS SOBRE A RADIOATIVIDADE

Descoberta por Henri Becquerel há menos de 100 anos, a radioatividade é uma propriedade física devida ao núcleo do átomo. Vamos supor aqui que a estrutura granular da matéria seja conhecida; todo corpo é composto de átomos, dos quais existe uma centena de tipos diferentes na natureza, formando os chamados elementos químicos, e cujos conjuntos vão do mais simples (a água, o gás carbônico etc.) ao mais complexo, constituído pelas macromoléculas biológicas. Na escala do menor ainda, encontramos corpúsculos cerca de cem mil vezes menores que os átomos: os elétrons, que giram em torno dos núcleos, eles próprios constituídos de duas espécies de partículas: os prótons e os nêutrons.

Embora exista somente uma centena de elementos químicos diferentes, encontra-se, ao contrário, uma quantidade maior de núcleos distintos, os isótopos; e na Terra existem perto de trezentos tipos de isótopos. Esses corpos são *estáveis*. Se não forem bombardeados por alguma partícula energética ficarão tais como são, no mesmo estado, até o final dos tempos. . .

Além dos núcleos estáveis que constituem os átomos da matéria, existem outros a que nomeamos *instáveis*. Pode-se dizer, fantasiosamente, que há alguma coisa, em seu edifício, que não vai muito bem: esse defeito provoca, mais ou menos rapidamente, segundo sua amplitude, uma modificação na construção em causa, de maneira a torná-la mais estável. Essa modificação é o que denominamos *radioatividade**. São radioativos os corpos feitos de núcleos instáveis.

Como se manifesta a radioatividade? Em que consiste concretamente e como pode ser percebida? Compreende-se que um núcleo radioativo só pode evoluir para sua estabilidade se se desembaraçar de algo, ou seja, emitindo uma partícula; assim, sua massa e também sua natureza (que é função de seus constituintes) alteramse. Diz-se que o núcleo se "transmuta" ou sofre uma transmutação ou desintegração. Esquematicamente, isso é escrito da seguinte maneira:

X	→	Y	+	P
núcleo radioativo		novo núcleo		partícula emitida

---

* Trata-se aqui da radioatividade natural, devida a fenômenos naturais. Há mais de 50 anos, o homem sabe fabricar numerosos corpos radioativos — trata-se, então, de radioatividade artificial.

O núcleo de partida X é chamado *pai* e o núcleo de partida Y, o que resulta da transmutação, é denominado *filho*. Este último pode ser, ele próprio, radioativo; emitirá então, por sua vez, uma partícula, sofrendo uma transmutação e dando nascimento a um neto... e assim por diante, até que se chegue a um núcleo estável. Vemos esboçar-se aqui a possibilidade de uma cadeia de filiações, da qual encontraremos diversos exemplos posteriormente.

É difícil, se não impossível, ver e compreender o que se passa em um núcleo no curso de sua transmutação. O essencial de nossos conhecimentos a esse respeito tem origem na observação da partícula emitida por um tal núcleo; esta é capaz de impressionar uma chapa fotográfica, o que permitiu a descoberta desse fenômeno por Henri Becquerel, em 1896. O progresso técnico desde essa data proporcionou aos físicos um grande número de aparelhos aperfeiçoados que permitem o estudo dos corpúsculos emitidos pelos corpos radioativos. Um deles é o contador Geiger que, certamente, não é o único. De modo geral, esses aparelhos são denominados detectores de radioatividade e são capazes não somente de revelar uma substância radioativa, como também de determinar a natureza e a energia dos corpúsculos que detectam, permitindo assim identificar o corpo que as emitiu, pois cada núcleo radioativo tem suas características próprias que se traduzem por propriedades bastante precisas das partículas emitidas. A observação dos corpúsculos saídos de uma substância radioativa leva a *identificá-la* e a precisar quantitativamente suas propriedades.

Acham-se, em anexo, explicações mais pormenorizadas a respeito dos diversos tipos de radioatividade, segundo a natureza das partículas emitidas. Quanto ao que nos é útil aqui, lembremos apenas que se distinguem esquematicamente:

— A radioatividade α: nesse caso a partícula emitida é um núcleo de hélio, constituído de dois prótons e de dois nêutrons.

— A radioatividade β: emissão quer de elétrons, quer de pósitrons, que são as "antipartículas" dos elétrons.

— A radioatividade γ: emissão de fótons (corpúsculos que se deslocam à velocidade da luz).

— A radioatividade por fissão espontânea: muito rara na natureza e que consiste em o núcleo instável fragmentar-se em dois núcleos de tamanho sensivelmente igual.

As partículas emitidas pelos corpos radioativos podem, segundo o material considerado, deixar "marcas" posteriormente observáveis: um dos métodos utilizados para fins de datação consiste justamente em observar essas marcas para identificar os núcleos de onde saíram, a fim de remontar à idade da substância.

A RADIOATIVIDADE E A PASSAGEM DO TEMPO

A transmutação não se realiza de modo instantâneo. Se retomarmos a imagem de nosso edifício nuclear, que por certo não é estável, nada indica que ele vá se transformar imediatamente: vai se desintegrar mais ou menos depressa segundo seu grau de instabilidade. É exatamente o que se observa nos corpos radioativos: alguns levam pouco tempo para evoluir para a estabilidade, pois são muito instáveis ou, ainda, muito radioativos; outros, ao contrário, demoram muito mais tempo, pois são menos instáveis ou "quase estáveis". Assim, somos levados a matizar nossa distinção bruta em corpos estáveis* e corpos instáveis. Existe toda uma gama de situações intermediárias e podemos recensear uma multidão de corpos radioativos cuja instabilidade é muito grande (e que se desintegram muito depressa), em seguida, corpos de instabilidade média, enfim mais fraca, e corpos que estão no limite da instabilidade de tal modo ínfima que não podemos vê-los se desintegrar. . . pelo menos em nossa escala de tempo.

É possível caracterizar quantitativamente, por uma grandeza mensurável, a rapidez com a qual os corpos radioativos se desintegram. Considerando o tamanho ínfimo dos átomos e dos núcleos,

---

* Que vem a ser um núcleo estável? É um corpo cuja duração de vida é muito grande, talvez infinita. Atualmente, os físicos estão aperfeiçoando gigantescos dispositivos experimentais destinados a detectar a radioatividade possível dos corpos que são considerados estáveis e cuja duração de vida poderia ser medida em bilhões de bilhões de anos. Se tais experiências forem concludentes, poderão dar-nos alguns elementos concernentes ao futuro do nosso Universo.

toda substância radioativa que se puder estudar encerrará sempre um número muito grande de núcleos; no mínimo, bilhões... A cada instante, durante um grande período de tempo, um certo número deles vai se desintegrar, sem que seja possível prever exatamente quais sejam eles. A radioatividade é um fenômeno que os cientistas qualificam como "aleatório", governado por leis estatísticas. Chama-se *período* de um corpo radioativo o tempo ao final do qual a metade da substância sofreu a transmutação em causa. Trata-se de uma noção extremamente importante: é essa grandeza, o período, que caracteriza uma determinada desintegração radioativa, ou seja, o período define a lei temporal que governa a passagem do pai ao filho a que nos referimos antes.

É importante compreender bem essa noção de período e ver suas implicações práticas: quanto menor for o período de um corpo radioativo, mais oportunidades esse corpo terá de se desintegrar rapidamente e, portanto, mais depressa desaparecerá. Ao contrário, um corpo de período muito longo será muito pouco radioativo e será muito fraco o número de desintegrações que poderemos observar em um dado tempo... mas essa radioatividade continuará, por isso mesmo, por longo tempo. Vamos resumir, escrevendo a seguinte equivalência:

período curto = radioatividade forte, mas breve

período longo = radioatividade fraca, mas durável

Para finalizar o exame da relação entre o fenômeno de radioatividade e da passagem do tempo, mencionemos uma conseqüência importante dessa lei de desintegração: durante cada período, a metade da substância sofre uma transmutação; ao final de dois períodos, subsiste apenas um quarto do que tínhamos no começo; ao cabo de três períodos, um oitavo somente etc. Ao final de um tempo equivalente a dez períodos, só resta cerca de um milésimo dos núcleos iniciais. Na matemática, essa lei chama-se exponencial.

Vamos representar esse fato através de uma figura, tomando um exemplo bem conhecido: o do famoso carbono-14, cujo período é de 5.730 anos. Sobre a figura que se segue, colocamos o número de desintegrações que podemos observar em um grama de carbono natural, em função do tempo decorrido desde que essa amostra foi formada. Vemos que, ao final de algumas dezenas de bilhões de anos, a atividade se torna muito fraca, isto é, difícil de ser medida: ao desaparecerem todos os núcleos de carbono-14, nada mais restará a observar. . .

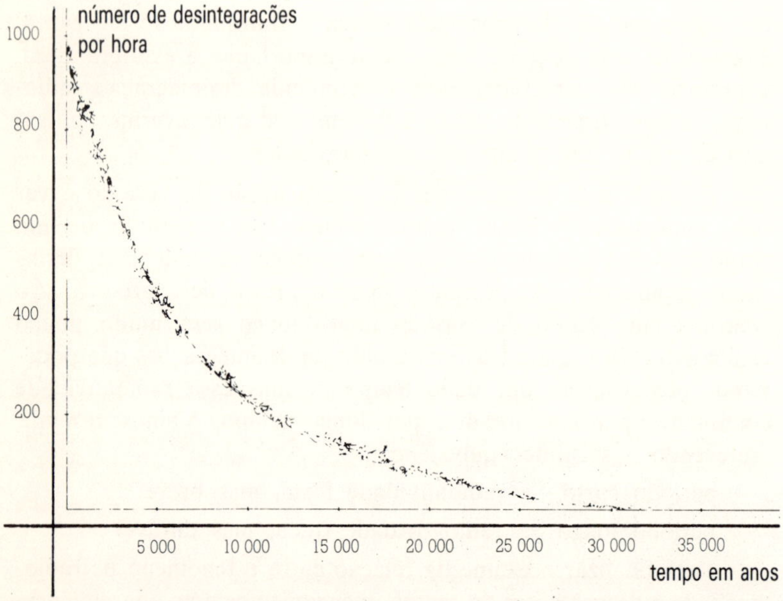

A evolução da radioatividade do carbono-14, no decorrer do tempo, traduz-se por um decréscimo regular do número de desintegrações por hora observado em uma determinada amostra: esse número é dividido por 2 a cada 5.730 anos.

Uma curva do mesmo tipo da que acabamos de estudar pode ser construída para cada elemento radioativo, sendo apenas as escalas que mudam de uma figura para outra, isto é, os números de desintegrações e os tempos transcorridos, enquanto que a forma da curva mantém-se sempre a mesma, traduzindo a lei universal denominada exponencial. . .

O PRINCÍPIO DA DATAÇÃO PELA RADIOATIVIDADE

Como a radioatividade permite que se chegue à idade de um corpo? Consideremos uma dada filiação de um pai e de seu filho, lembrando-nos de que existe sempre um número bem grande de núcleos-pais e de núcleos-filhos. Suponhamos que, inicialmente, só o pai está presente. Ao final de um tempo infinito, não existem mais pais. . . só restam filhos. Em uma situação intermediária, teremos coexistência das duas gerações, e compreende-se claramente que a relação do número de indivíduos que cabe a cada uma delas depende do tempo que transcorreu desde a origem, isto é, desde o ponto de partida dessa filiação.

O resto não passa de uma banal questão de cálculo, uma brincadeira de criança para os cientistas. Conhecendo-se certas propriedades da função exponencial será fácil calcular o tempo que passou se soubermos a relação entre o número de núcleos-pais e núcleos-filhos. Essa operação é fácil e precisa. Como a grandeza essencial a essa medida é o período do corpo radioativo cujo decremento está sendo estudado, é necessário que esse decremento seja da mesma ordem de grandeza da idade que se deseja determinar, sem o que encontraremos somente pais. . . ou filhos! O quadro a seguir apresenta as principais características de alguns isótopos radioativos utilizados na datação, na escala dos tempos astronômicos, onde tudo é contado em bilhões de anos.

Pai	*Filho*	*Modo de desintegração*	*Período*
potássio $^{40}_{19}Th$	argônio $^{40}_{48}$	β^+	1,3 bilhões de anos
rubídio $^{87}_{37}Rb$	estrôncio $^{87}_{38}Sr$	β^-	47 bilhões de anos
rênio $^{187}_{75}Re$	ósmio $^{187}_{76}Os$	β^-	43 bilhões de anos
tório $^{232}_{90}Th$	chumbo $^{208}_{82}Pb$	α	14 bilhões de anos
urânio $^{235}_{92}U$	chumbo $^{207}_{82}Pb$	α	0,7 bilhão de anos
urânio $^{238}_{92}U$	chumbo $^{206}_{82}Pb$	α	4,5 bilhões de anos

Aparentemente, a escolha é vasta mas cada sistema apresenta vantagens e desvantagens ligadas, muitas vezes, às dificuldades de medida do número dos átomos em parentesco-filiação. É condição essencial que o corpo estudado contenha o elemento em questão! Isso leva a utilizar uma dupla ou outra de isótopos, segundo a natureza das amostras estudadas. Esquematicamente, pode-se resumir a situação da seguinte maneira:

— O sistema potássio-argônio é muito utilizado para os tempos geológicos, se os objetos analisados não tiverem sido reaquecidos; caso contrário, o argônio, que é um gás, terá, sem dúvida, escapado, repondo a zero o nosso cronômetro.

— O sistema rubídio-estrôncio deu os resultados mais confiáveis relativos à origem da Terra e da Lua e à datação dos meteoritos, apesar da raridade dos elementos rubídio e estrôncio. Esses resultados serão discutidos no próximo capítulo.

— O sistema rênio-ósmio diz respeito a corpos ainda mais raros que os precedentes; não obstante, fornece indiretamente, como veremos, informações complementares sobre a idade do Universo.

— Finalmente, as filiações tório-chumbo e urânio-chumbo são muitas vezes de determinação delicada. São úteis, de modo geral, como métodos de confirmação, permitindo controlar os resultados obtidos através de outras técnicas.

Agora, estamos prontos para explorar as aplicações da radioatividade em datação: que nos ensinam os meteoritos sobre a origem do sistema solar?

A origem do sistema solar

O Universo é composto de bilhões de estrelas. Esse conjunto parece imutável. Repete seu movimento dia a dia, ano a ano, e cada corpo guarda um lugar fixo na abóbada celeste. No entanto, desde a Antigüidade, os homens se aperceberam de que ínfimas mudanças se produziam no céu. Se o Sol vê seu curso se modificar durante o ano, segundo o ritmo das estações, outros objetos deslocam-se lentamente entre as estrelas que os cercam: são os planetas cujo nome provém de uma palavra grega que significa "corpo errante". Da observação paciente desse movimento nasceu a astronomia.

QUE É O SISTEMA SOLAR?

O Sol

Sabe-se, ao mesmo tempo, muito e pouco a respeito do Sol, como do sistema de planetas que o cerca. Ficaremos satisfeitos em dar aqui algumas características desses corpos celestes, sem pretendermos ser exaustivos. Não diremos, tampouco, como todos esses resultados foram obtidos. Mencionemos simplesmente que resultam, em sua maioria, da observação direta feita da Terra. Nesse sentido, beneficiamo-nos da paciência das gerações passadas de astrônomos. Graças a homens como Tycho Brahe (1546-1601), que passou dezenas de anos de sua vida observando e anotando em seus cadernos as posições dos astros no céu, que, mais tarde, astrônomos como Johannes Kepler (1571-1630) ou Isaac Newton (1642-1727) puderam elaborar teorias a respeito do movimento dos corpos celestes. O século XX viu um crescimento fulgurante dos nossos conhecimentos devido ao aperfeiçoamento dos telescópios e das ferramentas da espectroscopia, mas seria um erro pensar que a utilização dos satélites artificiais e das sondas espaciais é a fonte de nossos conhecimentos atuais. Esses engenhos certamente permitem ir "ver de perto" partes do sistema solar, mas nos trazem apenas complementos de observações; pode-se pensar que sua utilização está ainda começando.

O Sol encontra-se a cerca de 150 milhões de quilômetros de nós e é uma esfera com diâmetro de aproximadamente 1.400.000 quilômetros, ou seja, mais de cem vezes o da Terra; sua massa é mais ou menos trezentas mil vezes a do nosso planeta. Essas cifras são enormes, mas pode-se notar que, no entanto, o Sol é menos denso que a Terra e pouco mais denso que a água (a Terra o é cinco vezes), pois o Sol é composto essencialmente de dois corpos muito leves: o hidrogênio (cerca de 75%) e o hélio (perto de 25%); todo o restante dos elementos representa somente 1,6% de sua massa. Como não poderia deixar de ser, sua temperatura é elevada: cerca de 5500°C na superfície, o que ainda não é grande coisa, pois se não dispomos de um meio direto para medir a temperatura no centro do Sol, podemos, entretanto, calculá-la: aproximadamente 15 milhões de graus!

No que se refere à sua estrutura, o mais fácil é ainda a observação de sua superfície; mas, contrariamente ao caso da Terra, pensa-se que o interior do Sol seja relativamente homogêneo quanto à composição, pois é formado de um gás (mistura de hidrogênio e de hélio) muito comprimido, muito quente e, portanto, muito denso. A superfície é cercada, como acontece com a Terra, por uma atmosfera de difícil observação. . . A não ser por ocasião de um acontecimento raro e muito útil para os astrônomos: o eclipse do Sol pela Lua. Acontece, então, uma corrida contra o relógio para se fazer o máximo de medições enquanto o eclipse é total. Dessas medidas se deduzem a composição, a temperatura e a densidade do gás que contorna o Sol e que se denomina coroa solar.

Ao observarmos o Sol através de um instrumento destinado a atenuar o brilho e, portanto, a evitar as queimaduras da retina, percebemos, rapidamente, que sua superfície não é uniformemente brilhante. Há manchas onde se manifestam erupções solares. As formas das manchas evoluem com o tempo: nascem bruscamente, depois assimilam-se pouco a pouco, em algumas semanas. Esse fenômeno, conhecido desde a Antigüidade, sempre intrigou os astrônomos e manifesta a variação da atividade solar, da qual uma das medidas é fornecida pelo número de manchas observadas num certo dia. Determinando a variação desse número em relação ao tempo, vê-se aparecer uma periodicidade notável. O Sol parece seguir um ciclo de atividade de 11 anos: 1970, 1981, 1992 são anos de atividade máxima e, ao contrário, 1965, 1976, 1987 são chamados anos de Sol calmo. Esse ciclo de atividade é devido a fenômenos periódicos que se produzem a intervalos regulares no interior do Sol, dos quais as manchas solares não passam de manifestações superficiais.

Pode-se, então, formular a pergunta: que se passa no Sol? Por que ele brilha? O advento da física nuclear nos forneceu uma explicação. Sabe-se agora que o Sol possui uma fonte de energia de origem nuclear cujo calor nos é emitido generosamente. Sem a energia radiante que vem do Sol, toda a vida sobre a Terra seria impossível. Esse astro benfazejo é causa da maioria das fontes de energia atualmente utilizadas, inclusive as que são fósseis, tais como o petróleo e o gás natural. Mesmo assim, essa irradiação não durará eternamente e calcula-se que, a cada segundo, o Sol perde cerca de 5 milhões de toneladas de sua massa. Isso pode parecer importante, mas felizmente o Sol, sem dúvida, ainda brilhará para os nossos descendentes, se o nosso mundo ainda existir daqui a alguns bilhões de anos. . .

Os planetas

Daremos alguns pormenores sobre os outros planetas do sistema solar, comparando-os à Terra. A Terra é sensivelmente esférica, sua circunferência é de 40 000 quilômetros e seu diâmetro aproxima-se dos 12 800 quilômetros. Ela gira ao redor do Sol a uma distância média de 150 milhões de quilômetros; essa distância é denominada unidade astronômica (abreviação UA), e mediremos as distâncias dos outros planetas em relação ao Sol em unidades astronômicas. Sua massa é de 6 mil bilhões de bilhões de toneladas. As massas dos outros planetas serão dadas em "massas terrestres". Enfim, a Terra gira sobre si mesma, em torno do seu eixo, em 24 horas — a duração do dia — e, em torno do Sol, em um ano, descrevendo uma órbita quase circular. Esse círculo é contido em um plano denominado o plano da eclíptica.

Segue-se um quadro com algumas características dos planetas do sistema solar.

Nomes	*Distância em relação ao Sol (UA)*	*Diâmetro km*	*Massa*	*Período anos*	*Inclinação do plano da órbita sobre a eclíptica*
Mercúrio	0,39	4 800	0,055	0,24	7°
Vênus	0,72	12 200	0,81	0,62	3°
Terra	1	12 800	1	1	0°
Marte	1,5	6 800	0,12	1,88	2°
Júpiter	5,2	143 000	320	12	1°
Saturno	9,5	120 000	95	29	2°
Urano	19	48 000	16	84	1°
Netuno	30	45 000	17	164	2°
Plutão	39	6 000	?	248	17°

Nesse quadro, os planetas são dispostos por ordem de afastamento do Sol. Portanto, é normal que um certo número de suas propriedades evoluam com regularidade, em particular as que são estreitamente relacionadas à distância do Sol. O período de rotação em torno do centro (Sol) da órbita aumenta segundo uma lei bem conhecida e formulada por Kepler. Esse período varia de 88 dias para Mercúrio a 248 anos para Plutão, correspondendo a uma variação da distância em relação ao Sol de 0,39 a 39 unidades astronômicas, portanto, quando a distância é multiplicada por 100, a duração da revolução em torno do Sol é multiplicada por 1000. Da mesma maneira, pode-se dizer que, quanto mais longe do Sol estiver o planeta, mais baixa será sua temperatura*. Assim, Mercúrio e Vênus estão a mais de 100°C, Júpiter a −171°C, e Netuno a −233°C.

Porém, no que se refere às outras características, parece que os planetas se agrupam em famílias que têm propriedades semelhantes.

---

* Trata-se aqui da temperatura de superfície do corpo sólido que constitui o planeta. Ela depende não somente de seu afastamento do Sol mas também da presença ou não de uma atmosfera, causa de um efeito de estufa como o que mantém uma temperatura branda na superfície da Terra, mas não na da Lua que é desprovida de atmosfera.

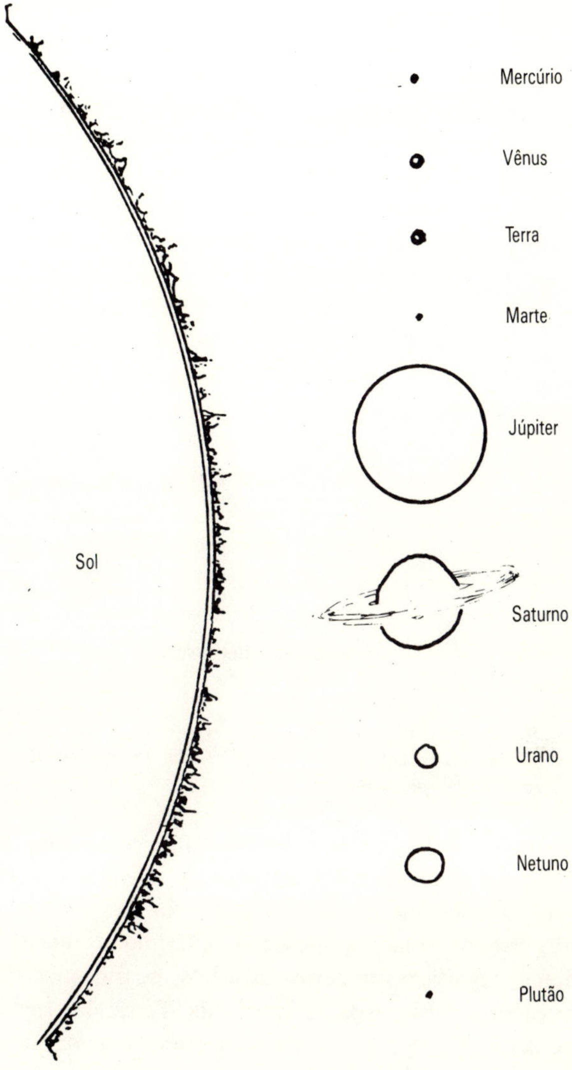

O Sol e os nove planetas do sistema solar representados na mesma escala. Em massa, o Sol equivale a 300 mil vezes a Terra que não passa de um pequeno planeta.

Os quatro primeiros — Mercúrio, Vênus, Terra e Marte — são chamados planetas telúricos, ou seja, parecidos com a Terra, possuindo dimensões comparáveis sob todos os pontos de vista, massas e densidades igualmente semelhantes. Destaquemos, como particularidade, que a Terra e Marte são os únicos que possuem satélites naturais, e que Vênus se caracteriza por sua atmosfera densa e espessa (onde há uma pressão de quase cem vezes a pressão atmosférica terrestre), constituída de gás carbônico, um pouco de água e ácido sulfúrico: que mundo adverso!

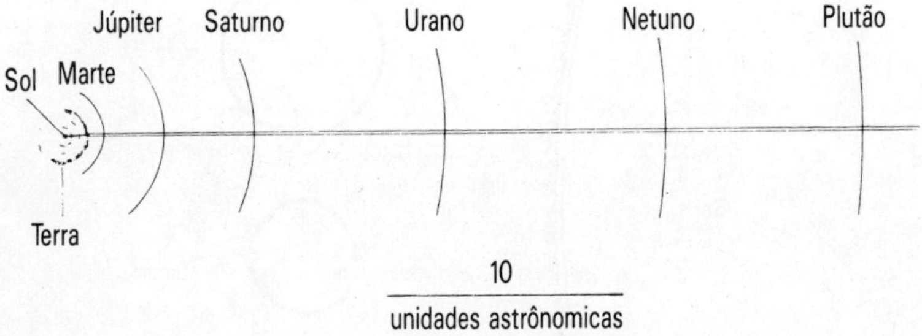

Os planetas descrevem órbitas quase circulares ao redor do Sol; seu afastamento do Sol é aqui representado na mesma escala. Proporcionalmente, vê-se que a Terra está muito próxima dele.

Muito maiores do que os planetas telúricos, Júpiter, Saturno, Urano e Netuno são chamados os planetas gigantes. Júpiter tem, sozinho, uma massa que é quase o triplo da de todos os outros planetas do sistema solar, atingindo o milésimo da massa do Sol. Esse planeta, magnífico sob certos aspectos, possui uma gigantesca mancha vermelha, observada, a partir da Terra, há três séculos, que parece ser um turbilhão de sua atmosfera de cerca de 125 mil quilômetros de comprimento! Magníficas fotos das proximidades de Júpiter e de Saturno foram transmitidas pelas sondas interplanetárias *Voyager 1* e *Voyager 2*. Júpiter possui quatorze satélites naturais, Saturno possui dezessete; da mesma maneira, são conhecidos cinco satélites de Urano e dois de Netuno, mas, provavelmente, existem outros menores.

Os magníficos anéis de Saturno também são conhecidos há três séculos, mas as *Voyager* mostraram que se tratava, na realidade, de milhares de anéis distintos, constituídos de blocos de gelo, e de rocha, gravitando em torno de Saturno. Por outro lado, sabe-se, há pouco tempo, que Júpiter também possui um anel e que Urano tem vários*. Essas diversas descobertas colocam grandes problemas para os astrofísicos, pois é preciso compreender como uma tal diversidade pode representar uma situação estável na escala do tempo cósmico.

Plutão, o mais misterioso dos planetas, é singular. Descoberto somente em 1930, é muito pouco conhecido; sua órbita é relativamente muito inclinada em relação ao plano da eclíptica. Essa é uma das razões pelas quais os astrônomos pensam se tratar de um satélite distante de Netuno.

A linha que separa os planetas telúricos dos planetas gigantes em nosso quadro não deixa de ter sua importância, pois ocupa o espaço onde gravita o que se chama cinturão de asteróides, ou ainda os pequenos planetas dos quais saíram os meteoritos que estudamos no capítulo anterior.

Existem cerca de 3000 desses asteróides catalogados cuja trajetória é bem conhecida, mas seu número total é considerável: são vários milhões ou até mesmo bilhões. Alguns deles são de tamanho respeitável, outros são apenas blocos de pedra de alguns metros de diâmetro. O estudo desses asteróides só poderia ser feito por meio de sondas que explorassem o espaço onde eles se movem, e uma observação dessa natureza não figura, atualmente, no programa das próximas missões espaciais.

---

* Segundo as últimas notícias, Netuno teria também um ou vários anéis. De fato, esses supostos anéis parecem não passar de um acúmulo, em um dado plano, de blocos de gelo ou de rocha de pequeno porte. Nesse sentido, qualifica-se como satélite de um planeta um corpo celeste de vulto... mas a distinção pode não ser simples. Não se deve, pois, considerar o número de satélites de Júpiter, Saturno ou Netuno como quantidades definitivas e imutáveis, ao contrário dos períodos siderais próprios a esses planetas.

Nossa galáxia

A observação da abóbada celeste remonta aos tempos mais antigos. O homem se deu conta muito cedo do movimento aparente das principais estrelas no curso da noite, em relação às cristas das montanhas que ele podia perceber do seu habitat pré-histórico. Notou que a Lua descrevia um caminho diferente, mas também circular. Constatou que certas estrelas estavam sempre no mesmo lugar, com isso descobriu a possibilidade de se orientar sobre a Terra, tendo por base, por exemplo, a agora chamada estrela Polar. A partir de então, pôde se lançar sobre os oceanos com menos medo: as estrelas lhe permitiam reencontrar seu caminho. . .

Mas foi preciso muito tempo para que a humanidade tivesse a idéia que hoje nos é familiar: o Sol é uma estrela, ou melhor, é apenas uma estrela. E se o vemos como uma estrela tão grande é porque está perto de nós, ou melhor, as outras estrelas é que estão muito longe. Mas que quer dizer muito perto e muito longe? O Sol está a 150 milhões de quilômetros de nós, e essa distância é denominada unidade astronômica, medida de grande utilidade na descrição do sistema planetário.

A velocidade da luz é útil para marcar as fantásticas distâncias entre os objetos do Universo. Utilizaremos, então, a unidade de medida *ano-luz* (abreviação AL) que é a distância percorrida pela luz em um ano, ou seja, 9 461 bilhões de quilômetros. Pode-se dizer, por exemplo, que a estrela Alfa do Centauro, muito próxima de nós, está a 4,27 anos-luz, portanto, sua luz leva 4,27 anos para chegar até nós, enquanto a do Sol só leva pouco mais de 8 minutos. Mas os limites do Universo estendem-se a milhões e até mesmo bilhões de anos-luz. Isso significa que aquilo que vemos é, na verdade, o brilho dessas estrelas, enviado há milhões ou bilhões de anos. Não sabemos se esses objetos ainda existem no momento em que os vemos. Nessa escala, as noções de distância e de tempo passado encontram-se.

No céu sem nuvens de uma bela noite de verão, ficamos maravilhados com o número de estrelas brilhando que podemos ver. A Via Láctea risca o céu por cima de nossas cabeças. Essa extensão parece branca ou leitosa por causa da densidade de estrelas que

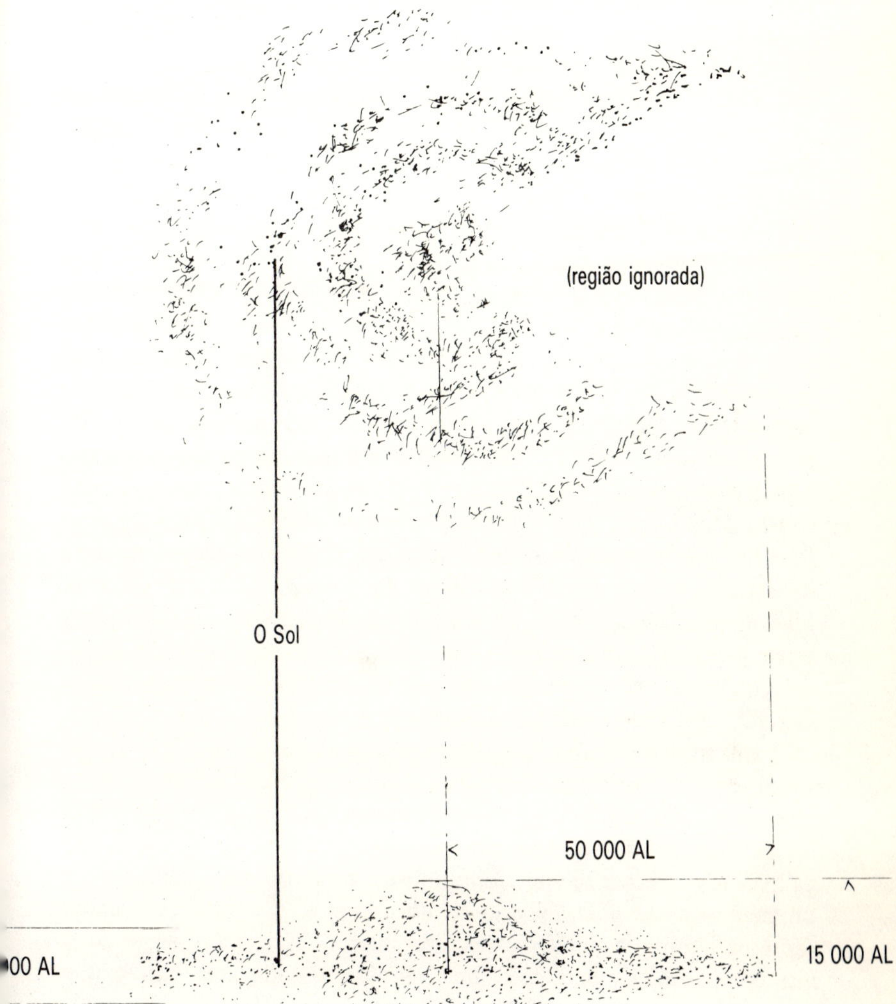

Nossa galáxia, a Via Láctea, vista de frente e de perfil. Uma grande parte dela nos é muito pouco conhecida, pois está oculta pelo centro da galáxia (segundo Hubert Reeves, Patience dans l'azur).

encerra: munindo-nos de binóculos, percebemos que cada uma de suas partes é, na realidade, constituída de um grande número de estrelas, das quais só distinguimos, a olho nu, as mais luminosas. Não é difícil imaginar que, com uma luneta astronômica ou um telescópio, o número desses objetos luminosos pode se multiplicar.

A Via Láctea constitui nossa galáxia (do grego *galactos:* leite). Imaginemos um disco chato, ligeiramente inchado nas proximidades de seu centro. A figura apresentada esclarece suas dimensões. Seu diâmetro total atinge cerca de 100 000 anos-luz. O Sol e o sistema de planetas que o cerca (na escala desse desenho, a Terra seria um ponto de aproximadamente um milionésimo de milionésimo de milímetro!) encontram-se em alguma parte nessa galáxia, mais ou menos aos dois terços do seu centro. Esse conjunto compreende mais de 100 bilhões de estrelas. O Sol é uma estrela entre 100 bilhões, portanto, em nossa galáxia, existem cerca de 100 bilhões de sóis. Cada um deles teria, como o nosso, seus planetas, sua Terra habitada? Não o sabemos, de qualquer modo, é uma possibilidade. . .

Se nos imaginarmos como uma parte desse disco, o número de estrelas vistas por nós depende da direção da observação: se olharmos o espaço fora do plano do disco, veremos sobretudo espaços vazios; ao contrário, toda mira feita no plano do disco, principalmente se for dirigida para o seu centro, encontrará muitas estrelas: essa é a explicação do que nos aparece como a Via Láctea.

Imaginemos agora que todo esse sistema, sempre como um disco, gira em torno do seu eixo; ou então — o que é o mesmo —, que o Sol, acompanhado de seus planetas, gira em torno do centro da galáxia, permanecendo em seu plano. Vista de frente, nossa galáxia não é homogênea. Como mostra a figura, sua forma é mais ou menos a de uma espiral de dois braços. De fato esse mapa representa uma estimativa das densidades de estrelas segundo o que conhecemos atualmente, mas ignoramos toda uma região que está oculta pelo centro da galáxia. Esse sistema faz um giro completo num período de duzentos a duzentos e cinqüenta milhões de anos chamado ano cósmico ou ano galáctico. Assim, a Terra e o Sol teriam aproximadamente 20 anos galácticos. É hora de ver o que se passou há 20 anos galácticos. . .

A IDADE DO SISTEMA SOLAR

Admiramo-nos com a diversidade do conjunto do sistema solar; não existem dois planetas do mesmo tamanho, estrutura ou atmosfera. No entanto, esse mundo parece uniforme: tudo nele gira em torno do Sol, segundo leis simples há muito tempo conhecidas. Quando o homem se deu conta da origem extraterrena das quedas dos meteoritos, ficou surpreso por não encontrar nessas pedras nada além daquilo que existia sobre a Terra: nem o menor elemento químico novo, nem uma única molécula que já não conhecêssemos, nem o mínimo cristal extraordinário. . . Que decepção! E isso continuou: as pedras trazidas da Lua pelas missões *Apollo* e *Luna* parecem-se com as nossas, porém, um pouco mais pálidas! Impõe-se, finalmente, uma idéia de identidade de compostos, mas com uma variedade de proporções: esse fato é o fundamento de nossas idéias sobre a formação do sistema solar.

Mitos antigos e teorias recentes

Durante muito tempo, o homem julgou que os objetos celestes, o Sol, os planetas e as estrelas do firmamento fossem perfeitos, imutáveis e eternos. Há três séculos, tomou forma a idéia de uma criação desse Universo. No século XVIII, o arcebispo James Ussher, tomando a Bíblia ao pé da letra, e após fastidiosos cálculos, estabeleceu a origem do mundo no ano 4004 antes da nossa era, muito exatamente!

As primeiras teorias científicas a respeito da formação da Terra foram emitidas por René Descartes que via a origem de nosso planeta em uma "nebulosa" solar primitiva, depois pelo naturalista Buffon que a atribuiu à colisão de duas estrelas. Essas duas vias de acesso, chamadas monista e dualista, têm dividido a opinião dos cientistas até os nossos dias. O grande filósofo Emmanuel Kant (1724-1804) pensava que os planetas resultavam de uma acumulação progressiva a partir de nuvens de poeira, sendo cada planeta formado por uma nuvem. É o que se pode chamar de uma intuição genial, pois, na época de Kant, ignorava-se a teoria dos gases, a natureza da luz, a equivalência da massa e da energia, e todas as descobertas feitas em astrofísica há um século.

Em seguida, o matemático francês Pierre Simon de Laplace (1749-1827) elaborou a idéia da formação dos planetas a partir do Sol: este seria inicialmente muito maior, e ao girar teria perdido uma parte de sua massa por causa da força centrífuga; a matéria perdida teria sido emitida em uma nuvem feita de filamentos muito finos que se reuniriam depois para formar os planetas. O ponto mais obscuro era justamente essa reunião de matéria; não se entendia por que tudo aquilo se havia aglomerado em locais bem precisos. No entanto, Laplace foi o primeiro a formular a idéia de nascimento dos planetas a partir de uma mesma nuvem.

Durante o século XIX surgiu, pouco a pouco, uma imagem inversa das precedentes. Ao contrário de uma formação por aglomeração a partir de uma fina nuvem de poeira preexistente, o sistema teria resultado da dispersão proveniente de algo maciço que teria explodido. Da mesma forma, a origem do nosso mundo foi atribuída a uma colisão apocalíptica, por exemplo, entre duas estrelas: os dois objetos incandescentes ter-se-íam colado para formar o Sol, mas durante a colisão, diversos estilhaços teriam voado no espaço, e esses futuros planetas teriam começado a girar em torno do novo Sol.

Em suma, há 100 anos atrás, quase nada se sabia sobre a origem do sistema solar, nem quando, nem como se havia formado. A evolução das idéias a esse respeito é um reflexo do movimento geral que governava as outras ciências, caracterizado por um equilíbrio entre uma teoria unitária, simplificadora, racional, e uma visão mais aberta e irracional que dava margem ao desconhecido. Esquematicamente, no que concerne mais especialmente à idade da Terra, podiam-se distinguir três escolas de pensamento:

Os "uniformistas" pensavam que a idade da Terra só podia ser infinita: tudo teria sido sempre assim como se conhecia. Não haveria nada de novo debaixo do Sol, nem a leste nem a oeste, como tampouco ao norte e ao sul. Talvez um dia, Deus, em algum lugar. . .?

Os chamados "moderados" atribuíam à Terra um passado de algumas centenas de milhões de anos. Esse grupo era largamente influenciado por Charles Darwin, cuja obra magistral sobre a origem das espécies por meio da seleção natural tinha surgido em 1859. A famosa teoria da evolução, sobre a qual voltaremos a falar longamente, precisaria, com efeito, de centenas de milhões de anos para permitir que esse mecanismo explicasse a passagem lenta e progressiva dos organismos fósseis aos habitantes atuais da Terra.

Vivamente oposto aos dois anteriores, o grupo dos "revolucionários" era o único a dar à Terra uma idade precisa: 24 milhões de anos, nem mais nem menos. É interessante vermos de onde vem esse resultado que hoje sabemos ser errado por um fator 200. Baseava-se no cálculo do resfriamento da Terra, que se supunha inicialmente muito quente, com uma temperatura de superfície de cerca de 1.400°C — temperatura em que se solidifica a maioria das rochas terrestres. Esse corpo quente estaria colocado em um universo frio ao qual ia cedendo, pouco a pouco, seu calor. Resfriava-se portanto pela sua superfície, permanecendo quente o seu interior que aos poucos perderia sua energia calorífica. Na época, através de observações nos túneis de minas, estimou-se em 20°C por quilômetro a elevação da temperatura à medida que se penetrasse no solo a partir da superfície. Um cálculo complexo e muito elegante que levava em conta a "condutividade térmica" da superfície terrestre indicou, então, o valor de 24 milhões de anos. O físico Kelvin (1824-1907) tornou-se ardente defensor dessa teoria, desprezando as idéias de Darwin. A beleza do raciocínio de Kelvin impressionou o mundo científico da época, e o próprio Darwin ficou abalado em suas convicções: acelerou, tanto quanto a decência lhe permitia, a passagem através das diversas fases da evolução.

Mas essa bela teoria era falsa. Por um lado os "ingredientes" que continha, principalmente o valor da condutividade térmica da superfície terrestre, tinham sido mal calculados. Por outro lado, e sobretudo, essa teoria ignorava um fato capital que seria descoberto em seguida: a radioatividade. A partir desse fato novo e com a medida da concentração em elementos radioativos da crosta terrestre, começou-se a calcular o calor liberado na Terra por esse mecanismo. O que se constatou foi que, longe de se resfriar, nosso planeta esquentava!

Paralelamente, passou-se a estudar os decrementos radioativos de diversos minerais de urânio e a medir a quantidade de hélio acumulada em conseqüência das desintegrações que se produziram. Já em 1906, estimava-se a idade da Terra em pelo menos 500 milhões de anos. O distanciamento progressivo do passado de nosso planeta prosseguiu. Por volta de 1930, foi ultrapassado o bilhão de anos. Estávamos, então, em uma situação paradoxal: a Terra revelava-se muito mais velha do que o Sol. . . em torno do qual girava! Não, isso não se podia admitir, era preciso que houvesse outra coisa: deveria existir no Sol alguma fonte de energia, ainda desconhecida, que permitisse explicar o enorme calor irradiado por esse astro. Essa fonte é a energia nuclear de fusão, aquela que o homem acionou de maneira explosiva na bomba H (de hidrogênio) e que intervém de modo determinante na vida e na morte das estrelas.

Em nossos dias, se nem tudo que concerne aos pormenores da formação do Sol e dos planetas está totalmente esclarecido, o essencial, entretanto, já se conhece e foi possível situar tais acontecimentos no tempo passado com boa precisão: o papel dos métodos de datação é exatamente o de nos informar a esse respeito.

O método rubídio-estrôncio

Chegou o momento de aplicar o que nos ensinou a radioatividade e ver como o estudo dos decrementos radioativos permite remontar à idade das substâncias estudadas.

Voltemos ao sistema rubídio-estrôncio* cuja filiação podemos esquematizar da seguinte maneira:

Essa desintegração efetua-se segundo um período de 47 bilhões de anos; apesar de esse período ser um tanto longo para nosso objetivo, essa dupla pai-filho é muito utilizada para a datação dos meteoritos e das rochas mais antigas da superfície terrestre. Uma outra dificuldade prende-se ao fraquíssimo teor que todos esses objetos apresentam em rubídio e estrôncio que é da ordem do milionésimo apenas. . . o que, evidentemente, torna as medidas

* Encontra-se, no anexo dedicado à radioatividade, a significação dos números 37, 38 e 87 utilizados aqui.

delicadas. Por isso mesmo, a radioatividade devida a essa desintegração é muito fraca: mais ou menos uma transmutação, de duas em duas horas, por grama de rocha analisada. A níveis de atividade tão baixos, os métodos habituais, tais como o uso do contador Geiger, não podem ser operacionais. É necessário fazer-se uso de um aparelho extremamente sensível, chamado espectrômetro de massa*, que serve para medir as "razões isotópicas". Esse instrumento permite determinar os números de átomos respectivos de dois isótopos diferentes e estabelecer sua razão.

As dificuldades a que acabamos de nos referir, ligadas ao pequeno número de átomos a medir, não são as únicas que encontramos na utilização desse metòdo. Surge uma complicação suplementar, cuja origem vamos indicar. Geralmente, como vimos no capítulo precedente, a idade do objeto é deduzida, através de um pequeno cálculo, da medida da razão pai/filho. No entanto, isso supõe que tal filiação seja única. Ora, não é o que acontece aqui: o filho, no caso, o estrôncio 87, pode não ter saído do pai, o rubídio 87! Os dois corpos, pai e filho, são também fabricados por diversas reações nucleares nas estrelas. Em outros termos, no momento em que o nosso cronômetro é posto em zero, já existe um certo número de átomos-filhos que precisamos nos esforçar por reconhecer. Essa necessidade complica singularmente o método de datação pela dupla rubídio-estrôncio**.

A idade das rochas terrestres e lunares

Para datarmos as rochas terrestres, não nos faltam amostras e recorremos a milhares de medidas. O resultado é muito decepcionante. Cerca de dois terços das idades obtidas situam-se abaixo do bilhão de anos. Isso significa que tais rochas foram formadas posteriormente a essa data. Ora, toda datação refere-se a um evento especial cujo momento procuramos precisar. No caso de um método

---

* Encontra-se, no anexo dedicado à radioatividade, uma descrição suscinta do espectrômetro de massa e de seu princípio de funcionamento.

** Em anexo é apresentada uma explicação mais pormenorizada do método rubídio-estrôncio, mostrando como se pode superar essa dificuldade.

baseado na medida da radioatividade, esse evento consiste na última separação entre pai e filho em relação de parentesco-filiação: chama-se a isso o "isolamento" do sistema. É preciso, também, que essa dupla tenha evoluído segundo sua lei natural, isto é, que nenhuma perturbação exterior tenha sobrevindo sob a forma de adição ou subtração de quantidades de átomos de cada um dos protagonistas: o sistema deve ficar "isolado".

Essa condição permite compreender por que se encontra uma grande variedade de idades quando se procura datar rochas terrestres. A Terra tem uma história complicada: os aluviões de nossas planícies sedimentares foram depositados há pouco tempo, não são formações muito antigas. Nos maciços montanhosos, como se sabe, existem montanhas jovens e montanhas velhas, basta considerar-lhes o perfil. Pode-se perceber os efeitos do desgaste do tempo ao se observarem as cristas pontudas dos picos escarpados de Chamonix ou as abóbadas arredondadas dos montes de Auvergne.

Mas se se estiver interessado na história primitiva da Terra, será preciso encontrar seus vestígios mais antigos. Nesse caso, estudam-se as rochas da época pré-cambriana, o primeiro dos períodos geológicos. Encontram-se, nas revistas especializadas, centenas de datações concernentes às rochas antigas, seja pelos métodos das famílias do urânio e do tório que dão isótopos do chumbo, seja por meio do sistema rubídio-estrôncio. Porém, mesmo nos maciços antigos, as idades encontradas variam muito (geralmente entre 1 e 3,5 bilhões de anos). É necessário lembrar que assim se data o momento de isolamento do sistema, e isso prova que as rochas da crosta terrestre, que já existiam nos primeiros tempos da Terra, sofreram muitas transformações desde essa época. A Terra, após sua formação, sofreu grandes comoções em sua superfície. Atualmente, a idade mais antiga obtida de maneira direta é de 3,78 bilhões de anos.

Existem métodos indiretos para se deduzir a idade da Terra através da observação das rochas terrestres. Uma das maneiras de se proceder é a seguinte: um minério de urânio contém sempre esse metal sob a forma de uma mistura isotópica de ^{235}U e ^{238}U. Todos os minérios atuais contêm esses dois átomos na proporção de cento e trinta e oito vezes mais núcleos ^{238}U do que de núcleos

^{235}U. Não deve haver razão para que as proporções desses dois isótopos tenham sido muito diferentes no começo da história da Terra. A diferença encontrada provém, sobretudo, do fato de ser relativamente curto o período do ^{235}U (0,7 bilhão de anos), quando comparado com o do ^{238}U (4,5 bilhões de anos). Pode-se, pois, calcular em que momento esses dois isótopos estavam em quantidades comparáveis; chega-se, então, a aproximadamente 5 bilhões de anos.

Um outro meio, muito mais preciso, consiste em examinar as composições isotópicas de todos os minérios de chumbo, o qual existe com os números de massa 204, 206, 207 e 208. Os três últimos podem ter existido de maneira original ou ter sido formados por filiação a partir do tório ou do urânio, o que não é o caso do isótopo 204. Pode-se, então, estudar as variações da composição isotópica em função da idade medida desses minérios de chumbo. Comparando esses resultados com a composição em chumbo dos meteoritos (que não sofreram alterações desde sua formação), é possível deduzir-se em que época ambas as composições isotópicas eram as mesmas: encontra-se um resultado que vai de 4,44 bilhões de anos a cerca de 100 milhões de anos.

O problema que surge para a Terra e que, portanto, complica singularmente os métodos de datação também existe em relação às rochas lunares. Desde 1969, várias rochas lunares provenientes de diferentes locais foram datadas. Novamente encontram-se idades variáveis em função do lugar onde foram colhidas as amostras e da profundidade do solo lunar. A superfície da Lua é, na verdade, coberta de poeira de origem meteorítica. Assim, foi possível determinar que os grandes mares lunares tinham se formado há cerca de 3,5 bilhões de anos*. De fato, a superfície da Lua sofreu menos mudanças que a da Terra; seu aspecto não deve ter se alterado muito no decorrer dos últimos 3 bilhões de anos, salvo pelo aparecimento de algumas novas crateras meteoríticas. Para algumas rochas cristalinas, determinou-se igualmente uma idade de 4,5 bilhões de

* Os grandes mares lunares (constituídos de basaltos pouco diferentes dos basaltos terrestres) são estruturas de origem vulcânica cuja idade é compreendida entre 3 e 4 bilhões de anos.

anos. Apesar da quantidade relativamente reduzida de amostras do solo lunar de que se dispõe, os métodos de análise mostraram que o começo da história da Lua se parece surpreendentemente com o da Terra.

A partir do conjunto de dados que se possui a respeito da idade das rochas terrestres e lunares, depreende-se que, relativamente, são poucas as muito antigas. Quer sejam medidas de idades pelo método rubídio-estrôncio; quer sejam cálculos baseados nas proporções respectivas de diversos isótopos de urânio e de chumbo, parece que a tendência é fixar um limite extremo situado entre 4 e 5 bilhões de anos; talvez seja essa a idade da Terra e da Lua.

Meteoritos e datação

Apesar de ser muito promissor, o método de datação do sistema rubídio-estrôncio oferece, no final das contas, resultados decepcionantes: encontra-se todo tipo de idades para as rochas terrestres e lunares, sendo que, na verdade, estas últimas também têm uma variedade muito grande de composição mineral e química.

Isso constatado, surge a idéia de submeter ao mesmo método de datação esses objetos tão especiais que são os meteoritos, dentre os quais os condritos, que apresentam uma notável constância de composição química. Pode-se assim determinar a idade de diversas partes de um mesmo meteorito ou comparar a idade de diversos condritos, que representam cerca de quatro quintos das quedas observadas.

O método permite, multiplicando-se as medidas e vendo-as todas conduzirem a um mesmo valor de idade, selecionar objetos de origem comum. Diz-se, então, que os meteoritos em questão provêm do mesmo "corpo-parental". Qual é esse antepassado? Os diversos corpos meteoríticos que chegam à Terra provêm de um cinturão de asteróides, objetos de tamanhos variáveis, mas pequenos em relação aos planetas, que gravitam em torno do Sol a uma distância intermediária entre as de Marte e de Júpiter. Entre esses asteróides, produzem-se, ao acaso, colisões violentas que fazem voar em estilhaços esses bólidos em movimento: os borrifos dessa colisão, quando chegam à nossa Terra distante, são os meteoritos!

Assim, todos os condritos provêm de um mesmo corpo-parental ou de corpos-parentais que se fracionaram a partir de um mesmo objeto comum, de composição isotópica homogênea, ou ainda de uma mesma família de corpos-parentais. Hoje pode-se determinar, com relativa precisão, o tempo passado desde esse nascimento comum, graças à grande sensibilidade dos espectrômetros de massa.

O resultado obtido é o seguinte: o acontecimento em questão, ligado à origem do sistema solar, produziu-se há *4,55 bilhões de anos* (por 10 milhões de anos). Esse resultado seria confirmado por outros métodos?

Sem entrar nos pormenores dos processos experimentais, assinalemos aqui que, como para as rochas terrestres e lunares, servimo-nos, para corroborar essa hipótese, dos decrementos radioativos das famílias do urânio que vão resultar em diversos isótopos de chumbo. Pela espectrometria de massa, medem-se as proporções dos isótopos 206, 207 e 208 do chumbo, comparando-as à do isótopo 204 desse mesmo elemento. Como a quantidade de 204 Pb que se encontra é a mesma que estava presente desde a origem, é em relação a ela que se pode deduzir o que se acumulou dos outros isótopos por decremento radioativo*.

Conseguiu-se determinar, com essas medidas, uma idade que confirma a obtida pelo estudo do decremento do rubídio 87 em estrôncio 87: segundo os meteoritos analisados, chegou-se também a um valor de 4,54 ou 4,55 bilhões de anos. Evidentemente algo decisivo se passou na história de nosso sistema solar há 4,55 bilhões de anos. De que se trata?

---

* Subsiste, entretanto, uma dificuldade: a espectrometria de massa certamente representou um imenso progresso, mas a existência dos veículos automóveis a contraria, pois a gasolina contém um composto, o chumbo tetraetílico, que é espalhado na atmosfera durante a combustão. Somos, portanto, obrigados a tomar enormes precauções quando medimos o chumbo extraído de meteoritos, pois as quantidades analisadas são muito menores do que aquela que uma pequena bicicleta motorizada, ao percorrer alguns metros, espalha na atmosfera!

O NASCIMENTO DO SOL E DOS PLANETAS

Com base nas observações e nas medidas feitas, hoje é possível elaborar um "roteiro" destinado a relatar esse acontecimento essencial. Trata-se de uma sucessão lógica de processos que melhor representa o estado atual de nossos conhecimentos, ainda incompletos, a esse respeito.

História de uma nuvem

Nosso sistema solar é relativamente jovem. Muitas estrelas são mais antigas que o Sol: nossa galáxia existia antes que a Terra fosse criada. O que iria se tornar o Sol e os planetas não passava de um amontoado de poeira e de gás, formando uma nuvem gigantesca chamada nuvem proto-solar.

De onde vinha essa nuvem e o que fazia lá? Ela se formara em um só dia e, aliás, não era a única. O espaço continha uma grande quantidade delas, a ponto de se formarem blocos compactos que encerravam várias nuvens, como as frentes nubladas que se observam antes das tempestades. Todas essas nuvens percorriam a galáxia há milhões de anos. No decorrer do tempo e ao acaso dos encontros, eram bombardeadas por partículas — sobretudo, núcleos de hidrogênio e de hélio, mas também corpos mais pesados como o ferro, o cobalto, o níquel etc. — enviadas pelas estrelas que lhes estavam próximas. Enriqueciam-se de matéria, poeira e gás e tornavam-se cada vez mais pesadas, embora, apesar de tudo, não passassem de nuvens. . .

Todas essas nuvens, durante seu périplo, encontravam os braços da galáxia, de tempos em tempos, já que um braço deve passar por um determinado lugar a cada 120 milhões de anos, devido ao movimento de rotação da galáxia em torno do seu centro. Quando isso acontecia, nossas nuvens eram fortemente sacudidas. Como não resistiam aos cataclismos que então se desenrolavam, eram fragmentadas, divididas, estraçalhadas. De tudo isso resultavam outras nuvens que, tendo deixado esse lugar agitado, reencontravam um espaço mais calmo e podiam continuar sua caminhada.

e um dia...

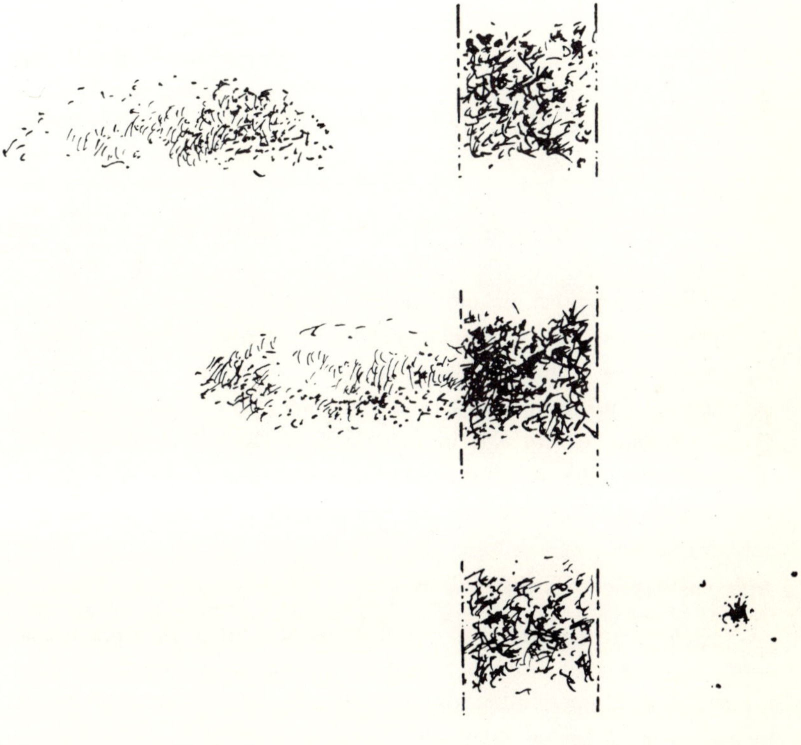

O destino de uma nuvem: a nebulosa proto-solar. Representamos aqui o nascimento do Sol e dos planetas, tal como é possível imaginar.

Certo dia (galáctico, isto é, 1 milhão de anos), nossa nuvem proto-solar viu aproximar-se dela e de seus companheiros um braço da galáxia. O encontro aconteceu em um local chamado a nebulosa de Órion. Durante a aproximação, podia ver ocorrerem coisas extraordinárias: nuvens iguais a ela, ao penetrarem nessa região, eram bruscamente agitadas por sobressaltos; condensavam-se imediatamente nessa tormenta e transformavam-se num bola brilhante muito menor que a nuvem originária: era o nascimento de uma estrela. Segundo o tamanho da nuvem, produziam-se pequenas ou grandes estrelas que prosseguiam com o mesmo movimento da nuvem da qual tinham surgido. Algumas tinham uma vida breve: quase todos os dias (todos os milhões de anos), podia-se ver uma das grandes estrelas explodir bruscamente. Seus fragmentos dispersavam-se pelas vizinhanças e resultavam em uma chuva de pequenos grãos que caíam sobre as outras nuvens. Somente as pequenas estrelas conseguiam deixar esse local agitado, arrastando em seu sulco alguns restos de nuvem que, por sua vez, se condensavam em pequenas esferas.

E o que devia acontecer aconteceu: a nuvem proto-solar teve a mesma sorte de suas semelhantes; mas, como era de pequeno porte, transformou-se em uma estrela pequena — o Sol. Este saiu da nebulosa acompanhado das pequenas esferas que giravam ao seu redor — os planetas. O Sol continuou sua viagem. Encontra-se, atualmente, em uma região calma, entre os dois braços da galáxia. Como é resistente e forte, o Sol já atravessou mais de quarenta vezes um braço, e pode-se pensar que ele seja capaz de o fazer outro tanto, antes de, por sua vez, explodir, talvez. . .

Algumas explicações necessárias

Esse relato encerra o essencial de nossos conhecimentos atuais sobre o nascimento de uma estrela em uma galáxia. Podemos questionar detalhes, perguntando-nos se foi de fato dessa maneira, a tal momento e em tal lugar que o Sol e os planetas nasceram.

Vamos começar pelo que é menos certo, isto é, o mais controvertido: não está estabelecido que o sistema solar tenha nascido na nebulosa de Órion. As opiniões diferem quanto a isso: essa região aparece em nossa galáxia como um lugar onde freqüentemente nascem estrelas e também onde algumas morrem. Retomaremos longamente, no capítulo seguinte, a vida das estrelas, desde seu nascimento até sua morte. O que chamamos, em nossa pequena história, a explosão de uma estrela constitui, em astronomia, o fenômeno das supernovas, de que voltaremos a falar. É possível que o Sol tenha nascido em outro lugar que não nas vizinhanças de Órion: não é absolutamente necessário que seu nascimento tenha sido iluminado pela luz de aproximadamente dez ou vinte supernovas. Em compensação é certo que, ao todo, essa formação durou relativamente pouco tempo, no máximo algumas dezenas de milhões de anos. Está igualmente estabelecido que ocorreram explosões de supernovas nas proximidades, pois foram encontrados grãos que esses cataclismos dispersaram no espaço. Em compensação, o papel exato desempenhado por essas supernovas não está definido: teriam elas provocado uma onda de choque responsável, por sua vez, pela condensação da nuvem proto-solar ou estavam lá apenas como espectadoras do acontecimento?

Por outro lado, durante essa história, vimos a nuvem de poeira condensar-se. Por que empregamos os termos nuvem e condensação? Que contém de verdadeiro essa analogia que lembra a meteorologia? Também se fala, às vezes, de nebulosa proto-solar, lembrando aquela espécie de vapor que caracteriza um nevoeiro. Tal formação é constituída por uma quantidade muito grande de gotinhas de água em estado líquido ou, ainda, a maiores altitudes, de minúsculos cristais de gelo. Essas partículas condensadas são cercadas de gás, no nosso caso, de vapor de água misturado com ar. Pensa-se que a nuvem que deu nascimento ao sistema solar seria semelhante a nossas nuvens atmosféricas, isto é, seria constituída de finas poeiras no meio de um gás; evidentemente, não se trata aqui de água, ou não apenas de água, mas de uma mistura complexa de átomos e de moléculas resultantes da história passada da galáxia, no curso da qual todos esses componentes teriam sido formados. E, bem entendido, não havia "ar", tudo isso se passava no vazio, na imensidão fria dos espaços interestelares.

Também no que concerne à própria condensação dessa poeira de partículas e de gás, a analogia com o que se passa em um de nossos cumulus-nimbus familiares encerra uma parte de verdade: na falta de perturbação, uma nuvem atmosférica é estável. Porém, ao sobrevir um golpe de vento que a empurre ou a leve a uma região diferente, a uma outra nuvem ou ao encontro de uma montanha, as gotículas de água e os cristais de gelo que a constituem põem-se a aglomerar-se e a crescer cada vez mais: a chuva é iminente! Com relação à nuvem proto-solar, a diferença reside no fato de que nela a aglomeração ou condensação vai mais longe, até que tudo, ou quase tudo, se tenha reunido: o Sol e os planetas são os únicos restos.

Assim, como se conhece pouco sobre os mecanismos de evolução das nuvens atmosféricas, sendo difícil prever onde e quando vai chover, subsistem ainda muitos pontos ignorados quanto a esse processo de condensação que fez nascerem o Sol e os planetas. Para descrever esse fenômeno emprega-se o termo acresção* que traduz a justaposição de um número muito grande de pequenos fragmentos em uma bola, onde, em seguida, ficam colados juntos, como em uma bola de neve. Mas o que garante a coesão? Na linguagem da física, pode-se dizer que é uma força de atração: segundo a lei de atração universal formulada por Newton, todos os corpos se atraem, e quanto mais próximos estiverem uns dos outros, maior é a atração. Assim, se nada vier a impedir o sistema, uma vez condensado, tenderá a permanecer condensado. Em astrofísica, esse mecanismo de condensação está em jogo no que se chama o colapso gravitacional que acontece na vida das estrelas.

Mas por que existe um Sol e nove planetas em nosso meio ambiente? Por que temos só uma Lua, enquanto outros planetas têm doze ou dezenove, e por que Saturno tem tão belos anéis?

Pode-se, talvez, continuar a lista das perguntas. Atualmente não sabemos respondê-las. O essencial é o Sol que nos permite sobreviver. Mais de 99% do total de massa do nosso sistema solar

---

* Preferiu-se usar esse neologismo, de uso corrente entre os especialistas. (N. do R.T.)

está no Sol. Em outras palavras, a massa total de todos os planetas e de seus satélites, incluindo os planetas gigantes como Júpiter e Saturno, representa menos de 1% da massa do Sol e, entre todos os planetas, a Terra só aparece com 1/500 milionésimo.

É óbvio, entretanto, que as diferenças entre os planetas estão ligadas à falta de homogeneidade da nuvem proto-solar que lhes deu origem. Mas os pormenores do mecanismo acresção dos planetas e de seus satélites são ainda bastante misteriosos. A física procura levá-los em conta, elaborando modelos e tentando estudar como um conjunto de gás e de poeiras pode evoluir sob a influência de diversas perturbações. Certamente, grande progresso será obtido quando se compreender bem o que se passa em torno de Saturno: as fotografias dos anéis e dos satélites desse planeta, obtidas em agosto de 1981, revelaram uma estrutura complexa até agora insuspeita, diante da qual os pesquisadores em astrofísica ficam perplexos.

No infinitamente grande do Cosmos, o homem aprendeu mais no curso dos últimos 10 anos do que durante os milênios que os precederam. Ele foi capaz de ir à Lua, de fotografar de perto Vênus, Marte, Júpiter e Saturno. No domínio do infinitamente pequeno, ele conhece hoje cada vez melhor o que se passa quando elétrons ou prótons com velocidades próximas da velocidade da luz se encontram. Apesar dessa tecnologia avançada e dos milhares de satélites artificiais que giram em torno da Terra, fotografando-a, perscrutando-a sem descanso, não sabemos prever com êxito o tempo que fará daqui a uma semana. Em astrofísica como em meteorologia, as coisas nem sempre são muito simples. Expusemos aqui uma série de acontecimentos prováveis, conformes ao que se pode observar em nossa galáxia onde estrelas, que talvez possuam seu próprio sistema planetário, nascem e morrem constantemente. O essencial desses conhecimentos provém da análise de certos meteoritos, mas ainda assim não dissemos tudo a seu respeito! Alguns dentre eles têm características muito particulares e apresentam, em relação à composição habitual de isótopos dos diversos elementos, "anomalias"* ricas em ensinamentos.

---

* Esse complexo problema é abordado em um anexo deste livro, e convidamos o leitor a consultá-lo.

Limitamo-nos aqui a descrever as grandes fases da formação do sistema solar. Esse acontecimento se passou há muito tempo e nós o estudamos após alguns bilhões de anos: as pegadas que deixaram estão quase apagadas. Ainda são necessários imensos progressos para conhecermos com certeza os pormenores do feliz cataclismo que viu nascer a Terra. . .

A idade do Universo

Deixemos a Terra e o sistema solar de que ela faz parte, e até mesmo nossa galáxia, para uma viagem no tempo e na dimensão do Cosmos: vamos tentar recuar bastante para contemplar tudo, ou seja, o Universo.

QUE É O UNIVERSO?

O Universo é tudo, tudo o que se vê, e mesmo talvez o que não se vê; pois é sabido que com instrumentos de astronomia, como telescópios, podemos ver objetos celestes invisíveis a olho nu. Pode-se dizer que existem estrelas distantes demais para serem vistas mesmo com um telescópio, o que não as impede de existir! Então, até onde se estende o Universo?

AS GALÁXIAS

Nossa galáxia não é única. Há vários séculos, os astrônomos têm observado regiões fracamente luminosas sem descobrirem estrelas. O século XX e seus telescópios permitiram mostrar que, em geral, se tratava de imensos aglomerados de estrelas análogas às nossas que constituem as galáxias. Um exemplo notável é a nebulosa de Andrômeda que, vista ao telescópio, se parece surpreendentemente com a nossa galáxia. As galáxias mais próximas de nós são visíveis somente do hemisfério Sul: são chamadas a Pequena e a Grande Nuvem de Magalhães e encontram-se a cerca de 150 000 anos-luz, isto é, a uma vez e meia o diâmetro de nossa galáxia.

Desde 1950, o número de galáxias que se pôde observar com diversos telescópios multiplicou-se consideravelmente. À medida que seu número aumentava, percebeu-se que sua distribuição sobre a abóbada celeste não era uniforme e não pareciam disseminadas ao acaso. De fato, quando se observa uma galáxia em algum lugar, há grandes chances de se encontrar outras em sua vizinhança: isto equivale a dizer que elas são agrupadas em "aglomerados de galáxias". Assim, a nossa galáxia, a Via Láctea, faz parte do que se chama o Grupo Local que compreende onze delas, entre as quais as duas Nuvens de Magalhães e a Galáxia de Andrômeda. Todos esses agrupamentos de estrelas estão relativamente próximos de nós, a uma distância inferior a 3 milhões de anos-luz.

E além dessa distância? Parece que também aí existe uma certa organização; os aglomerados de galáxias parecem agrupados em "aglomerados de aglomerados". Em outras palavras, o Universo nos aparece hierarquizado e podemos esquematizar os diversos níveis dessa hierarquia:

Sol + planetas	=	Sistema solar.
Grupo de estrelas	=	A Via Láctea, nossa galáxia.
O Grupo Local de galáxias	=	Um aglomerado.
Além daí	=	Um aglomerado de aglomerados de galáxias. . .

Pode-se ver, ou imaginar, ainda mais, ou mais distante, neste Universo infinito, sem limites?

As respostas a essas perguntas não são evidentes. . . É preciso contentar-se com elementos, fragmentos, algumas constatações experimentais onde a análise cede lugar ao subjetivismo, pois aí se alcançam os limites do conhecimento, as fronteiras onde o saber se une à crença, onde o mitológico e o real se dão as mãos e se misturam incessantemente. . .

Para dar uma idéia dos limites que as leis da física impõem às nossas observações, consideremos o caso dos quasares: esses objetos descobertos em número crescente nesses últimos anos (conhecem-se, hoje, mais de 1 500) possuem características que podem parecer extraordinárias. Embora nos apareçam como muito pequenos, daí seu nome (quasar = objeto quase estelar), alguns emitem uma quantidade de energia fantástica, da ordem de mil vezes a que irradia toda a nossa galáxia. Como conciliar esses dois fatos que parecem contraditórios? A explicação é que esses emissores são galáxias extremamente distantes. . . que se encontram nos limites do universo observável. Portanto, a luz que recebemos de alguns deles fez uma viagem de 12 a 15 bilhões de anos-luz!

Detenhamo-nos um instante sobre essa última cifra. Dizer que um quasar encontra-se a 15 bilhões de anos-luz também significa que o raio luminoso que recebemos dele partiu de lá há 15 bilhões de anos, e nem sabemos se esse quasar ainda existe atualmente, mas se a Terra e os homens ainda existirem daqui a 15 bilhões de anos, poderão sabê-lo. . . porém, é certo que esse quasar existia há 15 bilhões de anos e, portanto, que é muito mais velho que o sistema solar. Constata-se, imediatamente, que, quanto mais *longe* olhamos no Universo, mais cedo o vemos. Dessa forma, vemos o que se passava na estrela Alfa do Centauro há 4,5 anos; na galáxia de Andrômeda há 2 milhões de anos; no quasar OQ 172 (nome não muito poético) há 15 bilhões de anos: cada fotografia do céu é um instantâneo bem curioso! E se, pelo maior dos acasos, alguém nos observa nesse momento da galáxia de Andrômeda, vê talvez um *homo erectus* caçando sua presa na savana africana.

Incidentalmente, aprendemos que pelo menos alguma coisa existia em nosso Universo há 15 bilhões de anos, pois um certo quasar lá estava a emitir luz. Então, se nada se vê de *mais longe* é porque talvez nada existisse *antes?*

Por mais que façamos, nossa visão do Universo só pode ser limitada, mesmo que ele não o seja. Com efeito, se a luz percorre o espaço à velocidade finita de 300 000 quilômetros por segundo, não podemos, atualmente, receber sinais luminosos vindos de um ponto situado a uma distância superior à que é percorrida pela luz desde o nascimento do Universo. Isso pode ser expresso dizendo-se que existe, independentemente de qualquer questão de instrumento de observação, um *horizonte* além do qual é impossível ver seja lá o que for. Se, por exemplo, a idade do Universo for de 15 bilhões de anos, será rigorosamente impossível ver um objeto situado a uma distância superior a 15 bilhões de anos-luz.

Ora, os astrofísicos que se ocupam da estrutura do Universo nos ensinam que não há nenhuma razão para que o Universo seja finito ou limitado. Segundo eles, o Universo é infinito, isso é certo. Devemos, portanto, nos resignar a um conhecimento restrito ao

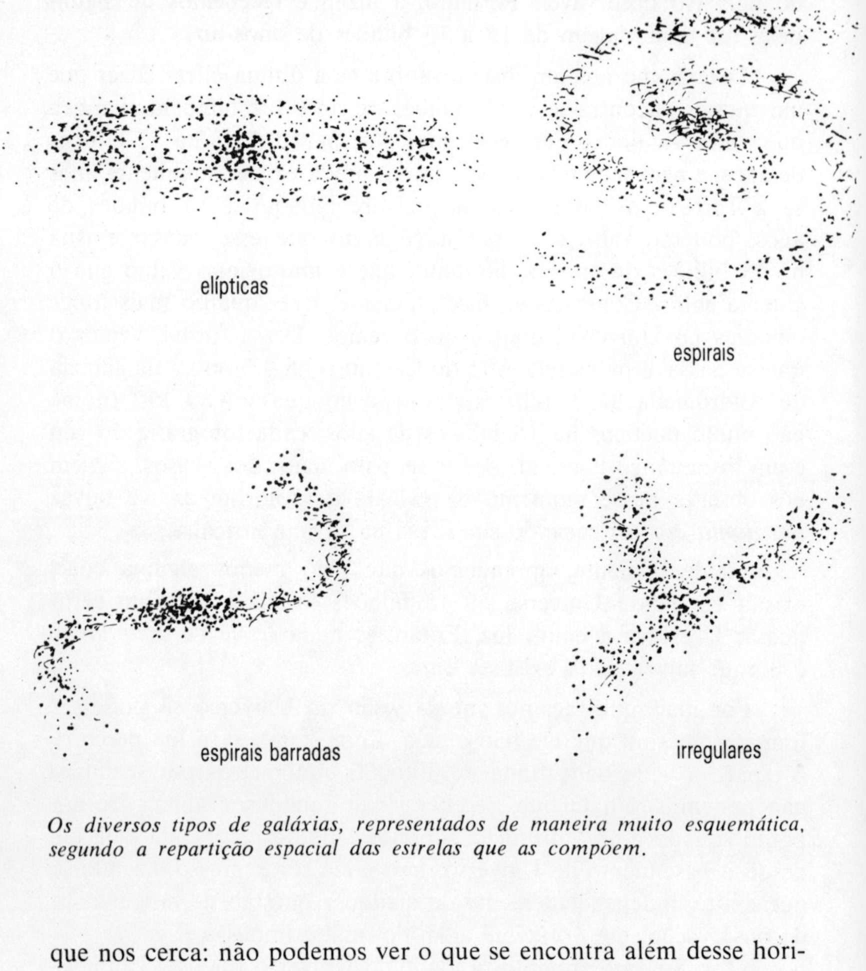

Os diversos tipos de galáxias, representados de maneira muito esquemática, segundo a repartição espacial das estrelas que as compõem.

que nos cerca: não podemos ver o que se encontra além desse horizonte situado, apesar de tudo, a uma distância fantástica. . .

NASCIMENTO, VIDA E MORTE DAS ESTRELAS

A feliz ocorrência do nascimento do sistema solar teria sido precedida por uma ou várias explosões de supernovas. Esse termo designa uma maneira violenta que as estrelas podem ter de terminar sua vida: a um determinado momento, as reações que nela se produzem são tão fortes que tudo explode e toda a matéria que a compõe é projetada em pedacinhos no espaço. Como essa violência é acompanhada de fenômenos luminosos bem visíveis, tem sido possível observá-los efetivamente. O primeiro relato que se encontra de um acontecimento desses data de 4 de julho de 1054, dia em que os astrônomos chineses viram com alegria aparecer uma nova estrela, bem mais brilhante que todas as outras, mas ao final de alguns meses seu brilho diminuiu pouco a pouco para se confundir com o resto do céu. Hoje, o que resta dela chama-se nebulosa do Caranguejo — os filamentos de poeiras resultantes da explosão continuam a se estender e pode-se, com alguma imaginação, perceber a forma de um caranguejo. A partir de então, outras supernovas foram vistas explodindo, mas, infelizmente, desde a invenção dos grandes telescópios, nenhuma explosão se produziu na Via Láctea. Os astrônomos do mundo inteiro esperam com impaciência esse acontecimento, pois, afinal de contas, isso seria melhor do que ter de se contentar com explosões em galáxias distantes. . .

Para uma estrela, explodir não é a única maneira de morrer; esse é um acidente de percurso que acontece, sobretudo, às estrelas muito grandes. A maioria morre de "velhice" e acaba por se extinguir progressivamente após haver esgotado todo o seu combustível — as massas de hidrogênio e hélio — de que se alimentam e graças às quais podem conceder calor e radiação, desde seu nascimento até sua morte. Os astrônomos puderam fazer deduções e explicar as diversas fases dessa vida: nascimento, infância, idade madura durante mais ou menos tempo, em seguida velhice e morte; às vezes, curiosamente, um sobressalto se produz e uma modificação interna permite a certas estrelas adquirir uma nova juventude e reviver ainda por muito tempo. . . Mas tudo tem um fim! O destino das estrelas não é sempre o mesmo, pois é função essencialmente do seu tamanho; as grandes estrelas são pouco econômicas, consomem muito combustível e, embora possuam uma grande quantidade de reservas no começo, esgotam-nas mais depressa: sua vida é curta, sem contar o acidente de supernovas que as espreita. Para todos os corpos celestes, a temperatura no centro é uma função crescente de seu tamanho. Quanto mais elevada é a temperatura, mais rápidas são as reações no seu interior; a estrela é, então, mais brilhante, mas sua vida é bem mais breve.

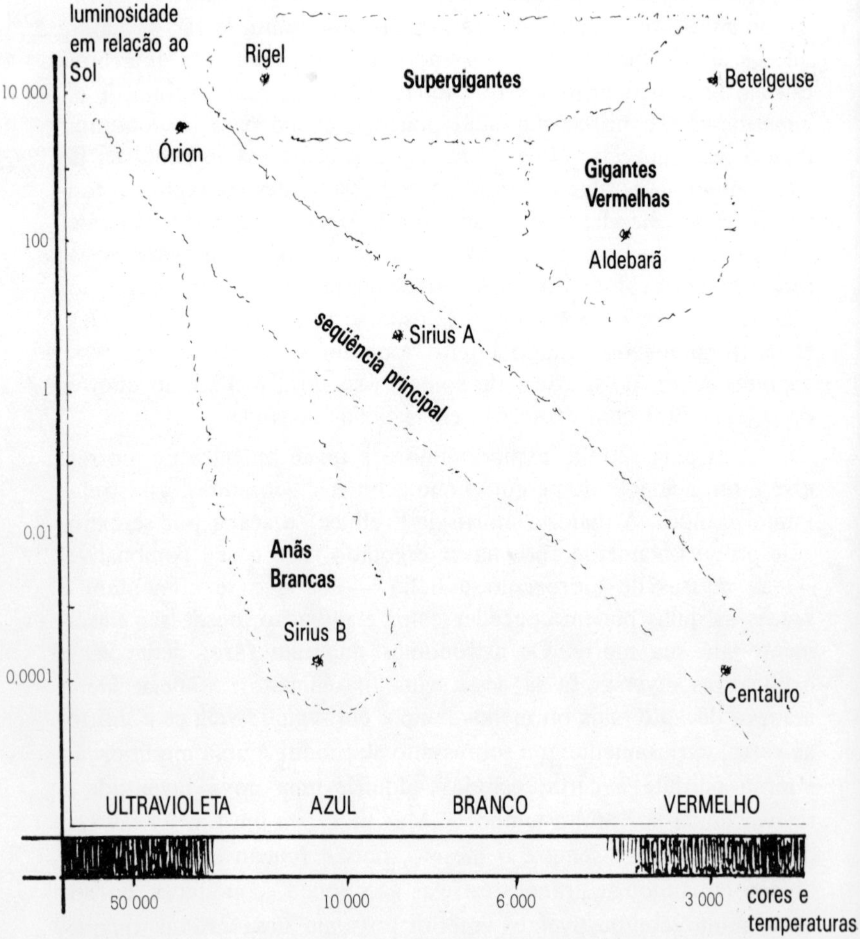

O diagrama de Hertzsprung-Russel (H-R) permite classificar as estrelas em grandes categorias, segundo sua luminosidade e sua cor, ligadas à sua temperatura.

Para comparar as diversas estrelas e caracterizar o estágio em que se encontram de sua vida, os astrofísicos empregam uma representação que se chama diagrama de Hertzsprung-Russel (abreviadamente, diagrama H-R) do qual a figura a seguir é um exemplo: verticalmente, tem-se a luminosidade, comparada à do Sol, reduzindo tudo a uma mesma distância dada para compensar os efeitos do afastamento; quanto mais no alto da figura estiver uma estrela, mais luminosa ela é, e vice-versa. Horizontalmente, tem-se uma quantidade que leva em conta a sua cor: as estrelas mais vermelhas estão à direita, as mais azuis à esquerda, e as brancas como o Sol ao centro. A essa cor corresponde, aliás, a temperatura da superfície, também indicada no diagrama. Se fizermos corresponder um ponto a cada estrela cujas características se determinam, constata-se que elas não estão dispostas ao acaso no desenho. Aparecem agrupamentos, espécies de séries, que definem tipos de estrelas: gigantes, supergigantes, anãs etc. Fizemos figurar para cada grupo o nome de uma estrela que os observadores do céu noturno reconhecerão.

O Sol, como muitas outras estrelas, figura na chamada seqüência principal. Nessa seqüência, de baixo para cima da figura, encontram-se estrelas de tamanho crescente. À medida que sua vida se desenvolve, cada uma delas desloca-se no diagrama que assim caracteriza, para cada uma, o seu ponto presente, seu passado e seu futuro. Como o destino do Sol nos interessa, traçamos, na figura seguinte, seu caminho no diagrama H-R. As cifras marcadas ao longo do trajeto são as idades em bilhões de anos. Vê-se que, desde a sua formação a partir da nuvem proto-solar (idade "zero"), o Sol se encontra na seqüência principal há 4,55 bilhões de anos, onde deve permanecer ainda por muito tempo, já que sua saída está prevista para a idade de 10 bilhões de anos aproximadamente. Mas, em seguida, tudo será mais rápido: ele se tornará *gigante* vermelho, depois *nebulosa* planetária. Terá, então, aumentado muito e nesse meio tempo terá tornado a vida sobre a terra impossível, antes de volatilizar os principais planetas. Finalmente, lançará seus últimos raios como *anã branca,* cada vez menos luminosa, para acabar sob a forma de um pequeno objeto sombrio e sem interesse. . . Pode-se tirar dessa seqüência previsível de acontecimentos as conclusões que o nosso otimismo ou pessimismo natural nos inspirar.

As estrelas com massa pelo menos três ou quatro vezes maior que a do Sol, no entanto, acabam sempre por explodir. Sua vida começa como a do Sol. Após sua formação por condensação de uma nebulosa, permanecem, por um tempo relativamente curto — alguns milhões de anos —, na seqüência principal. Em seguida, as

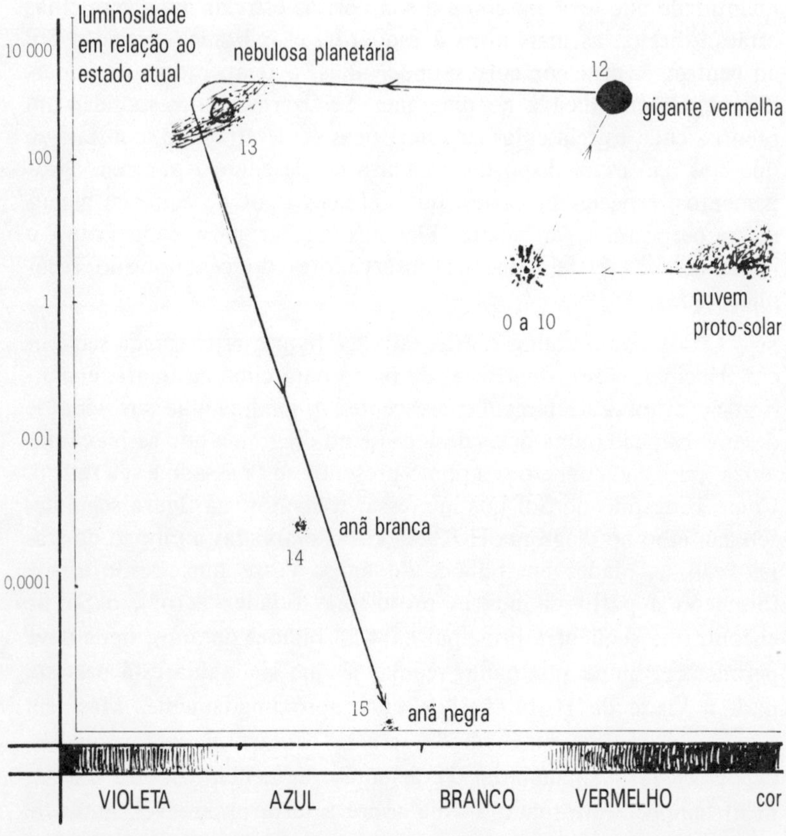

Representamos, no diagrama H-R, a vida do Sol. As cifras indicam sua idade (em bilhões de anos), desde seu nascimento até seu fim distante, sob a forma de estrela anã negra.

coisas se aceleram e, depois de terem se tornado supergigantes vermelhas, explodem, como foi visto no dia 4 de julho de 1054, e também em 1572 e 1604, por Tycho Brahe e Kepler. Dissemos, por exemplo, que a nebulosa do Caranguejo é o que resta da estrela que explodiu em 1054*, mas nesses cataclismos nem toda a matéria da estrela é dispersa no espaço; uma parte fica condensada sob forma de estrela de nêutrons e talvez se torne um *buraco negro*. Aí abordamos um problema apaixonante e controvertido: esses objetos misteriosos ainda não puderam ser localizados com segurança. Podem existir buracos negros nos quasares, essas galáxias longínquas com energias fantásticas?

A NUCLEOSSÍNTESE

As estrelas são sede de uma grande variedade de reações análogas às reações químicas, mas que afetam os núcleos dos átomos: são reações nucleares. As reações nucleares liberam energia — são, portanto, exoenergéticas — mas, contrariamente ao que se passa no coração dos reatores das centrais nucleares, onde grandes núcleos de urânio se fragmentam ou entram em fissão, nas estrelas, as transmutações consistem em formar edifícios nucleares maiores a partir de núcleos pequenos: esse importantíssimo processo — chamado *nucleossíntese* — está na origem das mudanças de cor e de luminosidade que se observam no decorrer da vida das estrelas.

Esse conjunto de reações nucleares** é muito vasto. Vamos apresentar apenas uma visão simplificada, obrigatoriamente esquemática, na qual distinguiremos diferentes estágios.

- O núcleo mais simples é o do hidrogênio, constituído apenas por um próton, e é também o mais abundante no Universo. Além

---

* De fato, essa estrela não explodiu em 1054, apenas foi vista da Terra nesse ano. Como provavelmente estava situada a algumas centenas de anos-luz da Terra, essa explosão deve ter se produzido por volta dos anos 700 ou 800!

** Essas reações, que consistem em edificar núcleos cada vez mais complexos a partir de seus constituintes, são chamadas reações de fusão, por oposição às reações de fissão que provocam uma fratura dos núcleos pesados e que são realizadas nos reatores e na bomba de urânio.

disso, 60% dos átomos do corpo humano são de hidrogênio. A partir do hidrogênio, uma sucessão de reações permite sintetizar o elemento químico de número atômico 2, o hélio. Pode-se esquematizar essa seqüência, escrevendo:

4 prótons + 4 elétrons → 1 partícula α + 2 elétrons

ou

4 átomos de hidrogênio → 1 átomo de hélio

Esse processo é o mais importante nas estrelas e no Universo. É o único que ocorre nas estrelas jovens e explica a duração da permanência das estrelas na seqüência principal, quando queimam seu hidrogênio e produzem hélio. Essa reação libera uma quantidade enorme de energia: assim, 1 quilo de hidrogênio, ao se transformar em hélio, depreende uma energia de aproximadamente 200 milhões de quilowatts-hora: o que daria para aquecer uma casa durante 10 000 anos, se soubéssemos fazer em casa o que fazem as estrelas.

- A partir do hélio, e se este for suficientemente abundante, as estrelas menos jovens produzem carbono, azoto e oxigênio. Esses elementos vão desempenhar um papel essencial, juntamente com o hidrogênio, para a formação da água e do ar. São, na verdade, as principais pedras dos edifícios constituídos pelas moléculas biológicas que intervêm na vida sob todas as suas formas. Aí também as reações são complexas, mas podem ser resumidas, escrevendo-se muito esquematicamente:

3 átomos de hélio → 1 átomo de carbono

4 átomos de hélio → 1 átomo de oxigênio

1 átomo de carbono + 2 átomos de hidrogênio → 1 átomo de azoto

Essas reações, igualmente exoenergéticas, são a causa do calor produzido nas estrelas gigantes vermelhas.

- O estágio seguinte consiste em sintetizar, a partir do hélio e dos elementos carbono-azoto-oxigênio produzidos pelos estágios anteriores, elementos um pouco mais pesados, tais como o neônio, o sódio, o magnésio, o alumínio, o silício, o fósforo e o enxofre. É assim que se formam, em particular, o silício e o magnésio que entram na composição de todas as rochas e são relativamente muito abundantes no Universo.

- O quarto estágio permite, a partir de todos os elementos mais leves já existentes, formar átomos cada vez mais complexos: cloro, argônio, potássio, cálcio, . . . , ferro, cobalto, níquel etc.

Admite-se, segundo esse esquema simplificado, que haja uma relação entre a idade das estrelas e o estágio da nucleossíntese que nela se desenrola. Para completar o que acaba de ser dito, convém precisar que todas essas reações necessitam de temperaturas muito elevadas — alguns milhões a bilhões de graus — para poderem realizar-se: elas se produzem no coração das estrelas e não na sua superfície que, por ser apenas a testemunha, permite sabermos o que se passa no interior. São algumas dessas reações que, infelizmente, o homem aprendeu a reproduzir de maneira explosiva na bomba H ou bomba de hidrogênio. Por fim, é preciso mencionar que em uma estrela não se produz apenas uma dessas reações, em geral, há vários tipos de reações a diversas profundidades, nas temperaturas que convêm a cada uma delas; simplesmente, a uma determinada idade, um certo estágio da nucleossíntese é dominante em relação aos outros. Porém, no final da vida de uma estrela muito maciça, todas as reações se produzem desde as proximidades da superfície onde, a alguns milhões de graus, o hidrogênio se transforma em hélio, até o centro, onde, a bilhões de graus, se formam elementos pesados que vão do ferro à platina ou ao chumbo, e tudo isso fica disperso no espaço por ocasião da explosão final.

A COMPOSIÇÃO QUÍMICA DO UNIVERSO

Do conjunto dessas reações da nucleossíntese resulta uma distribuição dos elementos químicos no Universo cuja abundância relativa ele mesmo descreve. De modo um tanto surpreendente, essa distribuição é sensivelmente a mesma seja qual for o local onde a observarmos, desde que não nos fixemos em uma estrela precisa: esse fato é conseqüência de que as galáxias têm todas, aproximadamente, a mesma idade, e, se estudarmos sua composição média, encontramos mais ou menos o mesmo por toda parte. O sistema solar é, particularmente, bastante representativo do conjunto. O Sol é, por certo, uma estrela ainda jovem, mas nasceu em nossa galáxia quando esta já tinha idade bastante avançada e, portanto, não continha somente hidrogênio puro: a nuvem proto-solar era constituída pelo resultado de bilhões de anos de nucleossíntese. Disso resulta que o que vamos dar como abundância relativa dos diversos elementos no Universo é essencialmente deduzido de medidas feitas nos meteoritos.

A figura a seguir reproduz essa distribuição. Horizontalmente, são apresentados os diversos elementos e, verticalmente, sua abundância em percentagem do conjunto: nota-se que a escala vertical foi muito "deformada" (é uma escala logarítmica) para permitir que nela figurassem outros elementos além dos dois mais abundantes, o hidrogênio e o hélio, que sozinhos representam 99,8% do total! Pode-se inferir daí que não falta combustível ao Universo. Entretanto, nossa vida depende muito da presença dos outros elementos. . . Na figura, vemos representados vários "picos", dentre os quais o do ferro é o mais notável: lembremos que o núcleo da Terra contém essencialmente ferro. Por fim, os elementos pesados como o chumbo ou urânio, na verdade, representam muito pouco. Aqui estão algumas cifras típicas:

hidrogênio	91,6%	muito leves
hélio	8,2%	
carbono	0,044%	
azoto	0,0077%	leves
oxigênio	0,072%	
magnésio	0,0036%	
silício	0,0034%	médios
ferro	0,0030%	
níquel	0,000 16%	
ouro	0,000 000 000 67%	
chumbo	0,000 000 01%	pesados
urânio	0,000 000 000 1%	

A desproporção entre os diversos elementos é flagrante: é o resíduo do nosso passado e contém as promessas do nosso futuro.

NASCIMENTO DO UNIVERSO: O BIG BANG

Como tudo isso começou? A grande maioria dos astrofísicos pensa ter o nosso Universo nascido de uma gigantesca explosão

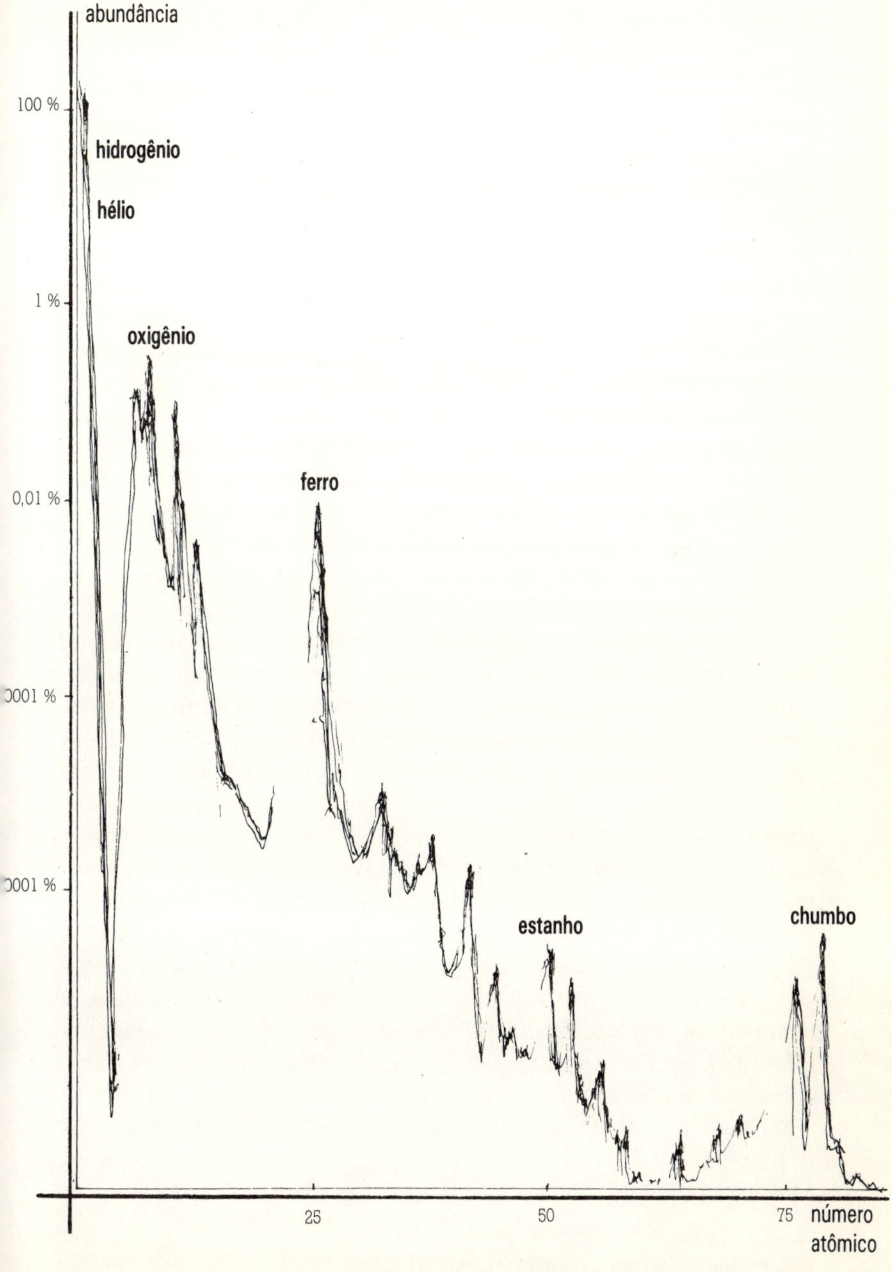

Representação gráfica da abundância dos elementos no Universo, do hidrogênio ao chumbo.

que pôs em jogo forças e energias de tal maneira consideráveis, a ponto de dificilmente podermos imaginar esse fenômeno. Veremos alguns dados experimentais que levaram à elaboração dessa teoria. Geralmente, usa-se o termo *Big Bang** para designar esse cataclismo. De que se trata?

O Universo era, então, minúsculo, muito denso e muito quente. A temperatura era da ordem de 10 milhões de milhões de graus e a densidade era tamanha que uma massa como a da Terra caberia em um dedal de costura. Não há dúvida de que a matéria não tinha o aspecto que conhecemos hoje: nas condições extremas da época, não havia como falar propriamente de "matéria", isto é, de cristais ou de moléculas constituídos de átomos que, por sua vez, encerram núcleos, elétrons etc. O Universo era uma espécie de "mingau" extremamente quente e condensado, onde se achavam, em um volume reduzido, os constituintes do que iria se tornar a matéria, sob forma de um grande número de partículas (chamadas quarks) elas próprias fragmentos do que iria se transformar em núcleons. Tal conjunto continha uma quantidade fantástica de calor, de energia, sob a forma de uma radiação intensa. Esse mingau de partículas e de energia explodiu, ou seja, em um tempo muito curto seu volume passou a ocupar dimensões crescentes. Assim, pôde-se calcular em que estado se achava esse Universo ao final de um centésimo de segundo, de um segundo, de um minuto etc. À medida que o tempo passava, as dimensões do Universo aumentavam; por conseguinte, a energia que ele encerrava achava-se dispersa em um volume cada vez maior: o mingau se diluía e esfriava simultaneamente. Ao final de 1 segundo, a temperatura que caíra para 10 bilhões de graus, após 3 minutos, não passava de 1 bilhão de graus etc.

À proporção que o Universo aumentava e sua densidade e temperatura decresciam, coisas importantes aconteciam em seu interior. Como o mingau estava cada vez menos agitado, as partículas que o compunham podiam interagir eficazmente, ordenar-se e agrupar-se segundo suas afinidades: formaram-se, então, os constituintes microscópicos da matéria — elétrons, prótons e nêutrons. Mas esse conjunto ainda deveria esperar para organizar-se mais: os

* Em inglês, no original. (N. do T.)

núcleons só se agruparam em núcleos ao final de aproximadamente uma hora, e os elétrons e os núcleos só formaram átomos muito mais tarde: foi preciso esperar cerca de 70 000 anos, até que a temperatura caísse para alguns milhares de graus.

Desde então o Universo não cessa de crescer: é a famosa *expansão* do Universo. Pode-se perceber isso, constatando-se que todas as galáxias se afastam da nossa, com velocidades diferentes, por certo, mas estão sempre se distanciando. Para compreender isso, basta imaginar que somos uma pequena partícula de uma bomba que acaba de explodir para qualquer lado que olharmos, veremos todos os outros fragmentos da bomba afastarem-se de nós.

Ao mesmo tempo que o Universo está em expansão, sua temperatura não cessa de diminuir. Mas, atenção, não se trata aqui da temperatura que um termômetro poderia indicar, se fosse colocado em um ponto preciso. Em nosso Universo atual, como se sabe, existem lugares ainda muito quentes! Trata-se, aqui, de uma espécie de temperatura média do conjunto que se refere ao calor inicial disperso, agora, em um volume que é, no sentido próprio do termo, astronômico. Dessa forma, a temperatura tornou-se muito baixa, não muito longe do zero absoluto, o "grau de frio" mais baixo que se pode imaginar. A teoria da expansão do Universo é agora admitida pela quase unanimidade dos astrônomos, desde que, em 1965, dois pesquisadores mostraram que, ao dirigirmos um telescópio na direção de uma região do céu onde não exista nenhuma estrela, descobrimos uma radiação muito fraca mas perceptível, comprovando que, mesmo no espaço vazio, resta um pouco do calor inicial — é a radiação fóssil, semelhante a um fóssil terrestre que é um vestígio do passado, isto é, o clarão atenuado da resplandecente explosão que foi o *Big Bang,* bilhões de anos depois.

Chegou o momento de indagarmos sobre a data desse acontecimento titânico, isto é, de atribuir uma idade para o Universo. Como veremos, nossos conhecimentos são demasiadamente incertos para determinar essa idade com precisão: aqui as incertezas se contam em bilhões de anos! Embora saibamos situar no tempo acontecimentos como o nascimento da Terra e do sistema solar, o mesmo não se dá em relação ao *Big Bang* que marcou o começo do Universo. Essa gigantesca explosão desencadeou forças tão grandes que é difícil se fazer hoje uma idéia do que tenha sido há bilhões de anos passados. Podemos apenas imaginar o que deve ter se passado, então, através da elaboração de modelos teóricos os mais verossímeis possíveis, conformes, em todo caso, às leis da física que conhecemos. Uma dúvida pode surgir a esse respeito: talvez essas leis, constatadas e verificadas em nosso Universo — afinal de contas bem calmo — não tivessem a mesma forma nessa época. Somos, portanto, forçados a ter certa prudência: o único caminho razoável

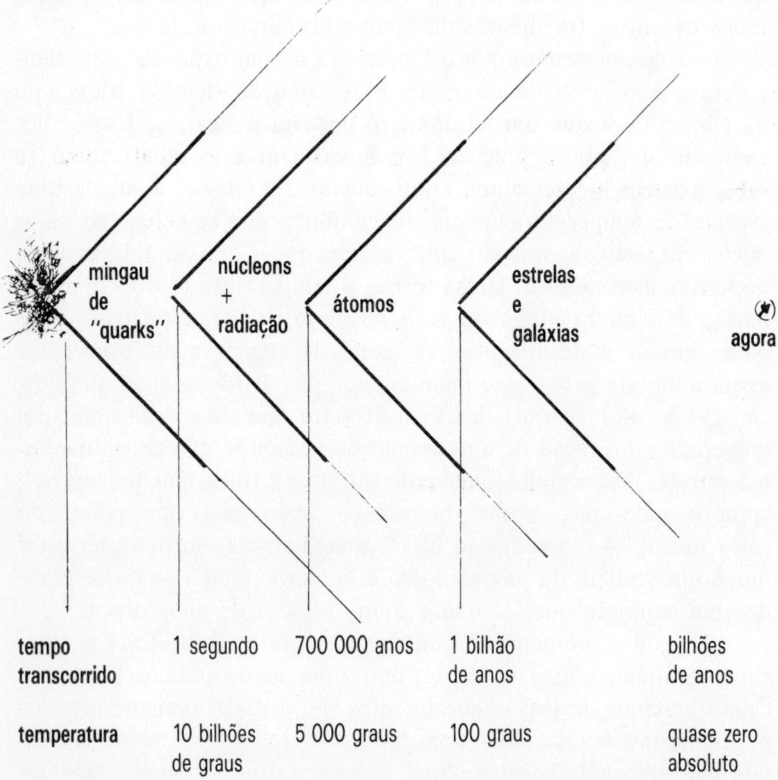

Uma representação possível da expansão do Universo. À medida que o tempo passa, a temperatura do Universo diminui consideravelmente.

consiste em não colocar em causa as idéias que temos quanto à interação dos objetos físicos, tal como a conhecemos. Isso, no entanto, é apenas uma hipótese de trabalho.

Compreende-se que todas as conclusões a que podemos chegar a partir das diversas medidas feitas pelos astrofísicos, bem como dos raciocínios que podemos elaborar a esse respeito, dependem de hipóteses de todos os tipos: essa é a razão pela qual a determinação da idade do Universo está sujeita a uma margem de erro de alguns bilhões de anos. . .

QUANDO SE PRODUZIU O BIG BANG?

Existem diversos métodos que nos permitem fazer, pelo menos, uma estimativa do enorme tempo que se passou desde o *Big Bang*. Um deles, aparentemente muito simples, consiste no seguinte raciocínio: sabe-se, a partir da observação das estrelas que formam nossa galáxia, que elas têm uma certa duração de vida. As estrelas menores, mais econômicas de suas reservas de energia, têm vida mais longa. Portanto, para conhecermos a idade do Universo, basta que observemos estrelas menores, identificando as que estão em seu estágio derradeiro de evolução. Em outras palavras, devemos procurar saber quais são as estrelas mais velhas da nossa e das outras galáxias. Tomaremos como *idade do Universo* a duração de vida das estrelas mais antigas, supondo que elas tenham subsistido desde o começo do Universo.

A realização prática desse objetivo consiste em inventariar, para o maior número possível de estrelas próximas ou distantes, sua luminosidade, distância, tamanho, cor, temperatura, composição química etc., e fazer em seguida diversos cálculos. Tem-se como resultado que a idade do Universo está provavelmente compreendida entre 10 e 20 bilhões de anos, e mais provavelmente ainda, entre 13 e 16 bilhões. Vê-se que é grande a incerteza. . .

Um segundo método consiste em nos servirmos, como fizemos com a idade do sistema solar, do estudo dos decrementos radioativos. Existem no Universo duplas pai-filho que podem ser utilizadas como cronômetros? Certamente, pois existem elementos radioativos que têm períodos suficientemente longos para isso. A dupla rênio 187/ósmio 187, em particular, cujo período é de 43 bilhões de anos, é muito utilizada para isso. Aqui se apresenta uma dificuldade considerável: contrariamente aos casos precedentes, os sistemas assim estudados não podem ser considerados como "isolados". Os eventos que se desenrolaram desde o *Big Bang* consistiram em produzir a cada instante, em cada galáxia, uma multidão de novos elementos — processo que já descrevemos sob o nome de nucleossíntese. Não se pode, portanto, supor que o sistema rênio 187/ósmio 187 tenha se formado em um instante inicial e, em seguida, evoluído segundo sua lei de evolução natural. O número de átomos pais e filhos é constantemente modificado por contribuições vindas do exterior!

Entretanto, há meios de escapar dessa situação difícil, levantando-se algumas hipóteses. De modo muito esquemático, vamos supor que o ritmo da nucleossíntese tenha seguido, desde a origem do Universo, uma lei simples*. Limitemo-nos aqui a indicar o resultado: chegamos por esse método a uma estimativa próxima de 15 bilhões de anos, sem que a incerteza quanto a esse número possa ser claramente calculada.

Exporemos mais completamente um terceiro método que se baseia na medida da velocidade de afastamento das galáxias. Em 1920, o astrônomo Edwin Hubble constatou que, seja qual for a galáxia observada, ela parece afastar-se da nossa. Tal fato levou os astrônomos a formularem a famosa idéia de "expansão do Universo" que está na base do que, mais tarde, seria a teoria do *Big Bang*.

Desde 1925, as medidas da velocidade de afastamento das galáxias multiplicaram-se graças a telescópios cada vez mais aperfeiçoados, do que resultou uma lei experimental muito importante: se chamarmos V a velocidade com que se afasta de nós um objeto situado a uma distância d, acharemos que, para as galáxias das quais se podem determinar a velocidade V e o afastamento d, essas duas quantidades são proporcionais:

---

* As hipóteses necessárias à execução do sistema rênio 187/ósmio 187 são expostas em anexo.

$$V = Hd$$

H é a constante de Hubble. A figura a seguir dá um exemplo dessas medidas: de fato, os pontos experimentais são bastante dispersos, sobretudo por causa das incertezas de medida, mas, mesmo assim, parecem designar um tipo de variação demonstrada pela fórmula $V = H d$. Vê-se imediatamente que a constante H não será determinada com uma precisão muito grande.

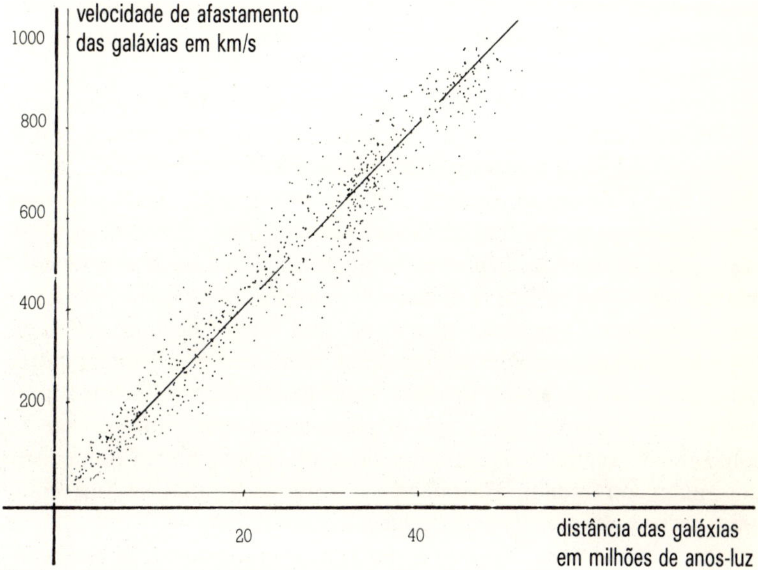

A lei de Hubble: a velocidade de afastamento das galáxias é uma função linear crescente de sua distância. Pode-se, por meio de certas hipóteses, inferir a idade do Universo.

Para dar uma idéia da dificuldade de se chegar a tais medidas, vamos explicar rapidamente qual o procedimento para obtê-las: não é fácil medir a velocidade e a distância de uma galáxia longínqua! Paradoxalmente, o mais fácil é medir a velocidade. Servimo-nos para isso de um fenômeno conhecido pelo nome de efeito Doppler:

quando dois carros em movimento, ou dois trens, se cruzam, os sons emitidos por um dos veículos são percebidos pelos passageiros do outro a uma altura variável, mais precisamente, o som parece mais "grave" quando a fonte sonora se afasta do que quando está se aproximando ou está imóvel. Esse efeito, que pode ser calculado e "estabelecido em uma fórmula", é o que serve às viaturas de polícia, munidas de um detector apropriado (radar) para assinalar os veículos em excesso de velocidade! O mesmo fenômeno aplica-se à radiação luminosa das estrelas e das galáxias que se afastam de nós, manifestando um "deslocamento no sentido do vermelho" da cor de sua luz. A partir desse deslocamento pode-se inferir sua velocidade.

A distância é mais difícil de ser medida. Para medirmos a distância de objetos astronômicos bastante próximos, podemos nos servir do fato de que esses objetos não são vistos na mesma direção, no inverno e no verão, quando a Terra está em dois pontos afastados um do outro, na sua órbita ao redor do Sol. Em outras palavras, pode-se fazer no céu uma "triangulação", como fazem os geômetras para determinar distâncias terrestres, olhando as coisas a partir de diversos pontos através de uma luneta de mira. Porém, para as galáxias afastadas da nossa, tal medida é por demais imprecisa. Servimo-nos, então, de conhecimentos empíricos: vamos supor, por exemplo, que um dado tipo de galáxia tem uma dimensão média constante e, segundo o tamanho do que vemos, podemos deduzir seu maior ou menor afastamento. Tais determinações encerram uma parte bastante grande de incerteza.

Seja como for, chega-se a determinar, na prática, a constante H ou constante de Hubble, e as medidas atuais levam a um valor de H compreendido entre 15 e 30 quilômetros por segundo, por milhão de anos-luz. Assim, uma galáxia situada a 1 milhão de anos-luz afasta-se de nós a velocidade de 15 ou 30 quilômetros por segundo, enquanto que outra, a 1 bilhão de anos-luz, afasta-se a 15.000 ou 30.000 quilômetros por segundo.

Como é possível determinar a idade do Universo, partindo-se desse valor? Como dissemos, essa lei de Hubble é uma das conseqüências ou, se preferirmos, uma das provas da teoria do *Big Bang:* por ocasião da grande explosão inicial, todos os objetos do

Universo, entre os quais as futuras galáxias, foram projetados no espaço a partir de um centro, com diversas velocidades. Se essas velocidades não se alteraram, as várias galáxias encontram-se a distâncias tanto maiores quanto maiores forem as suas velocidades. Assim, poderíamos imaginar fazer partirem de um mesmo lugar, a um certo instante, veículos com velocidades diferentes, em diversas direções; ao final de uma hora, encontraríamos, a 50 quilômetros, o que roda a 50 quilômetros por hora; a 100 quilômetros, o que roda a 100 quilômetros por hora etc. A partir disso, podemos nos perguntar: há quanto tempo partiu uma galáxia que se desloca a uma velocidade compreendida entre 15 e 30 quilômetros por segundo, sabendo-se que agora ela se encontra a 1 milhão de anos-luz? Lembrando que a luz percorre 300.000 quilômetros por segundo e levando em conta a incerteza quanto ao valor de H, vamos encontrar o intervalo de tempo que nos separa do *Big Bang:* nosso Universo tem a idade de 10 a 20 bilhões de anos.

Os vários métodos que foram indicados levam a atribuir ao Universo uma idade próxima de 15 bilhões de anos, mas nem tudo foi dito. As medidas aqui estudadas datam pouco mais ou menos da última dezena de anos. Em astrofísica, o estado de nossos conhecimentos evolui muito depressa, e os resultados atuais podem rapidamente ficar ultrapassados.

Enfim, importa entender que, quanto mais *longe* se olha no Universo, mais *cedo* o vemos em sua existência. Foi descoberto recentemente, um quasar chamado PKS 2000-320, cuja velocidade de afastamento alcançaria 276.000 quilômetros por segundo, ou seja, 92% da velocidade da luz: esse seria o objeto celeste mais distante e mais rápido jamais observado. As ondas que dele recebemos teriam levado 16 bilhões de anos para chegar até nós. Se esses valores forem confirmados, o Universo já existia há 16 bilhões de anos. . .

O FUTURO DO UNIVERSO

O que pode impedir o crescimento infinito do Universo? Essa pergunta, que nos vem naturalmente ao espírito, surgiu desde o momento em que supusemos que a expansão do Universo se processava a uma velocidade constante, desde o *Big Bang*.

Supor que as galáxias se afastam uma das outras a uma velocidade constante e imutável é o mesmo que admitir que não há entre elas nenhuma interação, que elas exercem uma sobre as outras apenas forças de efeitos insignificantes. Mas o que parece ser considerado insignificante, em um certo contexto, pode eventualmente acarretar conseqüências ao final de um tempo muito longo, de dezenas e centenas de bilhões de anos. Sabe-se que todos os corpos se atraem mutuamente. Essa famosa atração universal explica o movimento dos planetas ao redor do Sol. Essa força existe igualmente entre as galáxias, mas, por causa do afastamento fantástico que há entre elas, seus efeitos são, por certo, muito fracos. No entanto, pode-se pensar que ela acabará por produzir uma diminuição da expansão do Universo. Se essa diminuição for suficiente, então tudo pode mudar, pois se a um certo momento, esse afastamento das galáxias cessar, se de algum modo tudo se imobilizar, então a força de atração universal fará o conjunto retroceder e haverá uma fase de contração do Universo. Até quando?

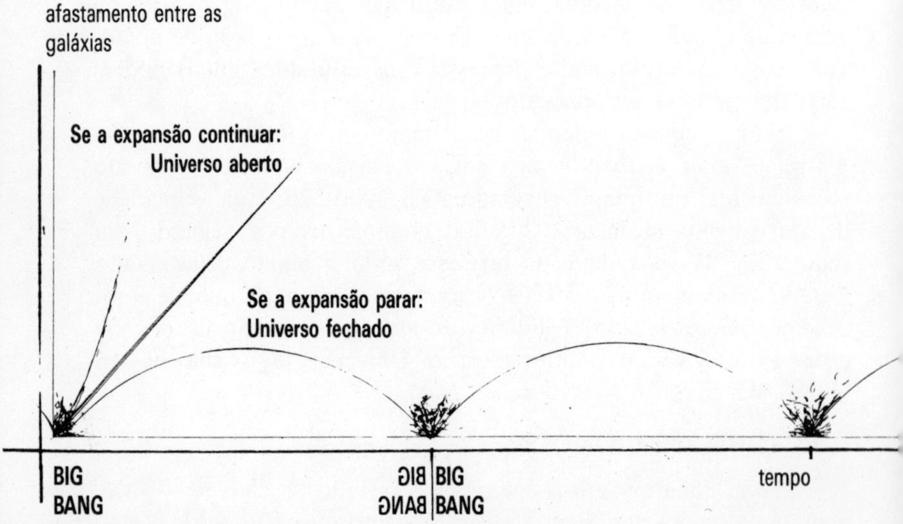

O destino do Universo, passado e futuro, aberto ou fechado. Aqui, tudo são apenas hipóteses, cálculos, especulações...

Pensa-se que essa fase de contração apresenta as mesmas características, mas invertidas, da nossa expansão atual; portanto, isso terminaria pelo inverso do *Big Bang,* uma espécie de fusão gigantesca do Universo em uma bola de altíssima temperatura. Esse acontecimento, que poderá produzir-se dentro de bilhões de bilhões de anos, ou não se produzir absolutamente, já recebeu um nome: será o *Big Crunch!**

E depois? É simples: "tudo recomeçaria como antes" ou quase. Pode-se ver, pela figura, que a história do Universo seria composta por uma série de saltos sucessivos, como os de uma bola de borracha sobre um solo bem plano. Alguns físicos pensam que esse é o destino do Universo: como uma bola, ele perderia lentamente sua força e os saltos iriam se amortecendo pouco a pouco... Também a matéria transformar-se-ia talvez, progressivamente, em radiação, e no final das contas tudo desapareceria: nós, a Terra, o Sol, a galáxia, o Universo não passaríamos então de uma singularidade momentânea... Outros físicos pensam que, longe de se amortecerem, os saltos iriam aumentando de tamanho. Enfim, cálculos complexos levam a considerar que o Universo atual já está em seu quinto salto!

Para se saber se a expansão atual do Universo vai ou não continuar indefinidamente, seria preciso descobrir uma diminuição das velocidades de afastamento das galáxias. Na impossibilidade de medir um tal efeito ou de encontrar uma prova indireta do mesmo, os astrofísicos recorreram a cálculos. A partir desses cálculos, concluiu-se que a solução depende da massa total do Universo: abaixo de um certo valor, a atração universal é impotente para inverter o sentido da variação e a expansão continuará; acima desse valor, ela será mais lenta e haverá depois uma contração. Qual é o valor "crítico" que separa essas duas evoluções possíveis, e qual é a massa do Universo? Decepção: não conhecemos nem uma coisa nem outra. Mas os astrofísicos esforçam-se para medir tudo o que se pode observar, e apuram seus cálculos. Então, paciência...

* Em inglês no original. (N. do T.)

Os primeiros tempos da Terra

Viajamos pelo passado e pelo futuro, percorremos, em todos os sentidos, dezenas de bilhões de anos. Mas qual teria sido o destino particular da Terra nesse Universo?

UMA BOLA QUENTE

A formação do sistema solar resultou da condensação da nuvem proto-solar. Uma vez terminado esse processo, produziu-se um "colapso gravitacional". Quanto mais os grãos da poeira primitiva aproximaram-se uns dos outros, mais intensa tornou-se sua atração mútua: o movimento que tendia a contrair a nuvem amplificou-se. Devemos, então, dizer que em alguns minutos ou em alguns anos, tudo terminou, que o Sol e os planetas formaram-se quase instantaneamente, a partir do momento em que a condensação da nuvem se iniciou? Certamente, não. . ., e é mesmo possível que a coisa se tenha produzido em dois tempos — a formação de alguns milhares de grandes asteróides, em seguida a aglomeração (ou acresção) desses asteróides em alguns grandes planetas. Um tal roteiro explicaria a existência de um cinturão de milhares de pequenos astros gravitando no sistema solar, entre a Terra e Marte, e que estão precisamente na origem das quedas de meteoritos que já examinamos.

Qualquer que tenha sido a sucessão dos acontecimentos, o resultado foi que, no final de sua formação, a Terra estava sensivelmente esférica, e sua elevada temperatura era da ordem de 1.500ºC. Esse intenso calor resultava da transformação das enormes energias de movimento que possuíam todos os corpos que se tinham agrupados para formá-la. Nesse momento não havia, na superfície do nosso globo, nem terras, nem oceanos, nem montanhas, nem planícies. E a Terra estava sendo submetida a um intenso bombardeio de meteoritos. Como nosso mundo tão acolhedor e favorável à vida pôde resultar de tudo isso que certamente em nada se parece com o paraíso terrestre? Evidentemente, nada se fez em um dia. Nosso objetivo aqui é simplesmente precisar a rápida evolução inicial, em algumas dezenas de milhões de anos; em seguida, o tempo poderá fazer sua obra...

A DIFERENCIAÇÃO

No começo, a Terra era uma bola quente, com temperatura de 1.500ºC. Essa esfera incandescente enviava a todo o espaço circundante uma intensa radiação. Com isso, esfriou-se rapidamente e mesmo os materiais mais fáceis de fusão acabaram por se solidificar. Tudo isso pôde acontecer rapidamente, em menos de 1 milhão de anos. Em seguida, iniciou-se a segunda fase da história primitiva da Terra, chamada diferenciação. Corpos radioativos de natureza diversa foram aprisionados na esfera terrestre por ocasião de sua condensação. Esses elementos possuíam todas as espécies de períodos e, pouco a pouco, desintegraram-se. Em nossa época, sobraram poucos, apenas aqueles que, como o potássio 40, o rubídio 87, o tório 232 e os urânios 235 e 238, têm períodos longos, da ordem do bilhão de anos. Todos os outros, que eram numerosos, foram progressivamente desaparecendo, primeiro os de período mais curto, em seguida, os outros. Isso trouxe conseqüências consideráveis para a Terra: com efeito, toda desintegração radioativa provoca uma liberação de energia. Por exemplo, um estimulante cardíaco contém muitas vezes algumas centenas de miligramas de plutônio 238 cuja radioatividade libera energia suficiente para fazer funcionar um pequeno circuito elétrico que faz excitar o músculo cardíaco que falha.

Em relação à Terra, porém, não se tratou de miligramas, mas de milhões e bilhões de toneladas! As quantidades de calor assim liberadas na esferta terrestre foram enormes. Nossa bola quente perdeu calor através de sua superfície externa, porque enviava radiação (raios visíveis ou infravermelhos) para o espaço, e, é claro, quanto maior fosse a superfície, mais calor era enviado. Como a superfície tendia a esfriar-se, formou-se uma crosta terrestre sólida. Entretanto, no interior dessa bola, desprendeu-se, por ação da radioatividade, uma formidável quantidade de calor, proporcional ao volume de matéria, isto é, quanto mais volumosa fosse a bola, maior era a quantidade de calor desprendida de seu interior.

Comparemos agora o que aconteceria com duas esferas de raios diferentes, digamos uma com 1 quilômetro de raio, a outra com 1.000 quilêmetros. Se as duas bolas, a pequena e a grande, seguissem a mesma evolução, a maior receberia mais calor da radioatividade, porém, também o perderia mais por sua superfície ser maior. Mas a bola grande, com raio 1.000 vezes maior do que a pequena, enviaria 1 bilhão de vezes mais calor (pois seu volume seria 1 bilhão de vezes maior). Ela só perderia 1 milhão de vezes

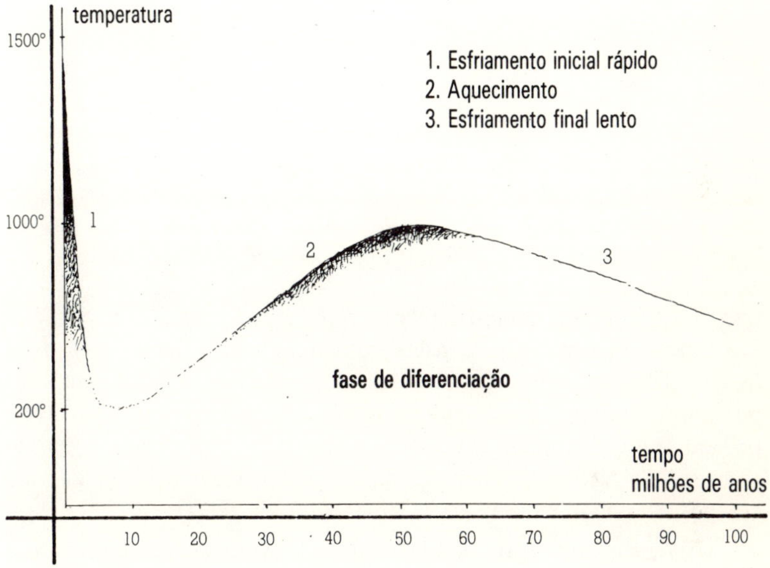

A evolução da temperatura da Terra em seu começo. Durante as primeiras dezenas de milhões de anos, a temperatura da Terra variou em grandes proporções, por causa das trocas de energia que nela se produziam.

o que perderia a pequena, pois sua superfície seria 1 milhão de vezes a da pequena esfera. Chegamos à seguinte conclusão: a bola grande seria mais quente do que a pequena.

No início do sistema solar, as bolas pequenas eram asteróides que gravitavam entre Marte e Júpiter, corpos-parentais de certos meteoritos. As bolas grandes eram os planetas. Esses meteoritos,

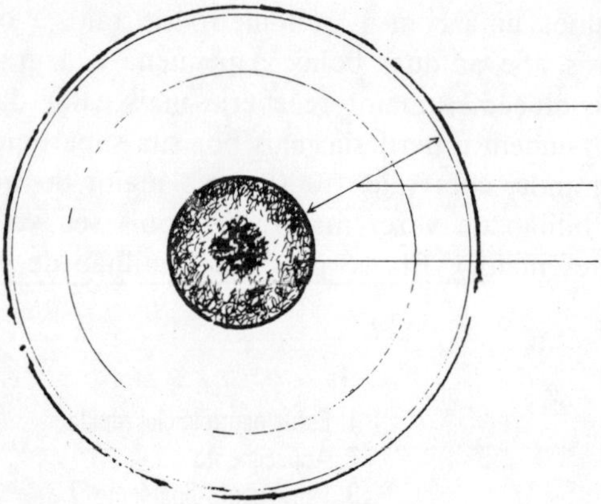

A estrutura atual da Terra: crosta, manto e núcleo, cujas composições químicas são muito diferentes. Raios: núcleo interno, 1.300 km; núcleo externo, 3.600 km; manto inferior, 5.700 km; manto superior, 6.400 km.

que resultaram de um esfriamento rápido por ocasião da primeira fase após sua formação, conservaram a estrutura inicial dos grãos que se aglomeraram*. Os planetas, ao contrário, ficaram fundidos por muito tempo. Talvez tenham se solidificado num primeiro tempo, em seguida tenham novamente se fundido para depois voltarem a ser sólidos. Aliás, é possível que, em algum lugar debaixo de nossos pés, se encontre uma parte ainda fundida da Terra...

A figura aqui apresentada resume a evolução da temperatura da Terra: primeiro, esfriamento, em seguida, a diferenciação que se fez muito mais lentamente por aquecimento e esfriamento. Essa fase foi acompanhada, naturalmente, de grandes comoções internas na Terra. O essencial do calor provinha das desintegrações radioativas, mas o intenso bombardeio de meteoritos contribuiu igualmente para isso, sem falar nas deformações da superfície por ele

* Nem todos os asteróides evoluíram dessa mesma maneira: os maiores sofreram transformação idêntica à dos planetas (diferenciação); os meteoritos chamados sideritos provêm desses corpos-parentais.

causadas. Nessa época também é intenso o vulcanismo, havendo, portanto, correntes de matéria entre o interior e a superfície. Finalmente, nossa Terra se formava tal como a conhecemos: um núcleo no centro, muito denso, composto sobretudo de ferro e níquel, sendo sólido o núcleo interno e líquido o externo; este é cercado pelo chamado manto terrestre, composto sobretudo de diversos silicatos de alumínio e de magnésio. Enfim, em torno de toda a Terra há a crosta terrestre cuja espessura varia desde alguns quilômetros até 50 quilômetros: é dessa crosta que emergem os continentes sobre os quais vivemos.

OS TEMPOS GEOLÓGICOS

A palavra geologia significa etimologicamente "tratado sobre a terra" (do grego *gé* = terra, e *logos* = tratado). Essa ciência da terra detém-se no estudo das rochas, dos movimentos da casca terrestre, do passado da Terra etc., diversos ramos que estão em íntima relação. Embora as características físicas da Terra sofram uma variação contínua no decorrer do tempo, procuraremos fracionar essa evolução em etapas e nomear cada uma delas, a fim de fixar um quadro definido no tempo. Assim em geologia, a história da Terra encontra-se classificada em cinco grandes eras (pré-cambriana, primária, secundária, terciária e quaternária), divididas em períodos também fracionados em etapas. O quadro a seguir reproduz essa divisão, mencionando apenas as eras e os períodos, bem como os limites em tempos que lhes correspondem.

O referido quadro requer algumas observações: por um lado, as diversas separações entre eras e períodos são um tanto arbitrárias, mas foram consagradas pelo uso, e devemos ter esse fato na memória. Além disso, a coluna das idades caracteriza-se por uma diminuição progressiva dos períodos: a era pré-cambriana, sozinha, cobre 4 bilhões de anos, ou seja, sete vezes todas as restantes. Da mesma maneira, a era quartenária dura há menos de 2 milhões de anos, o que, na verdade, é pouco; e o holoceno, nosso período atual, tem apenas 12.000 anos de idade, no entanto, quanta coisa se passou nesse tempo!

Eras	Períodos	Idades em anos
era pré-cambriana	arqueano	4,55 bilhões de anos
	algonquiano	2,5 bilhões de anos
		570 milhões de anos
era primária	cambriano	500 milhões de anos
	ordoviciano	430 milhões de anos
ou	siluriano	395 milhões de anos
	devoniano	345 milhões de anos
paleozóica	carbonífero	280 milhões de anos
	permiano	225 milhões de anos
era secundária	triássico	190 milhões de anos
	jurássico inferior ou liásico	172 milhões de anos
ou	jurássico médio	162 milhões de anos
	jurássico superior	136 milhões de anos
mesozóica	cretáceo inferior	100 milhões de anos
	cretáceo superior	65 milhões de anos
era terciária	paleoceno	55 milhões de anos
	eoceno	38 milhões de anos
	oligoceno	26 milhões de anos
	mioceno	7 milhões de anos
	plioceno	1,8 milhão de anos
era quaternária	pleistoceno	11 800
	holoceno	agora

DE QUANDO DATAM OS CONTINENTES?

Na história primitiva da Terra, a era pré-cambriana é rica em acontecimentos de importância: essa época representa, com efeito, 4 bilhões de anos, ou seja, cerca de nove décimos da história da Terra. Ela viu aparecer a vida, pelo menos em suas formas mais primitivas. Porém, esse fenômeno extraordinário somente pôde realizar-se após uma transformação profunda do globo inicial.

Em seus primeiros tempos, a Terra certamente não apresentava seu aspecto atual. Mesmo que imaginemos nosso meio completamente privado de vida, suprimindo tudo o que é vivo, animal ou vegetal, obtemos um quadro ainda muito distante do que deve ter sido a Terra após sua diferenciação. Esse globo, que nos é familiar com seus oceanos e seus continentes, suas montanhas e suas planícies, era então uma bola que esfriava lentamente, pela segunda vez em sua história. Seu interior era líquido, mas uma crosta sólida se havia formado em sua superfície: é o que hoje chamamos a crosta terrestre. Que aconteceu em seguida?

O que vamos descrever é pouco conhecido. Os motivos dessa ignorância são múltiplos e alguns são evidentes. Note-se primeiro que o homem conhece bem somente uma camada superficial muito fina da Terra. Se pensarmos que os oceanos mais profundos chegam apenas a aproximadamente 10.000 metros e que, apesar dos avanços tecnológicos ligados à exploração do petróleo, é muito difícil fazer perfurações no solo além de alguns milhares de metros de profundidade, veremos que a parte do volume terrestre suscetível de ser diretamente estudada só representa alguns milésimos. Nossas informações sobre o que se acha debaixo da crosta terrestre provêm essencialmente do estudo de alguns fenômenos naturais que são as testemunhas do que acontece no manto terrestre, tais como os tremores de terra e as erupções vulcânicas. Acrescente-se um certo número de cálculos complexos, sem dúvida bem elaborados, mas baseados em hipóteses muitas vezes incertas.

Também é preciso mencionar o seguinte paradoxo: conhecemos bem melhor a história do Sol e das estrelas do que a da Terra e dos planetas, no entanto, mais próximos de nós. Isso se deve ao fato de os astrofísicos disporem de um grande número de estrelas no céu: embora não possamos acompanhar as transformações de uma estrela no curso de sua vida, podemos observá-las em todas as suas fases e, dessa forma, estudar a influência de diversos parâmetros. Ao contrário, nunca pudemos observar em nossa galáxia o nascimento de um sistema de planetas: embora seja extremamente provável que tais sistemas existam em torno de outras estrelas, os fenômenos que lá se desenrolam não põem em jogo energia bastante para que uma emissão luminosa importante os acompanhe e, por isso, nada vemos.

Enfim, é preciso acentuar que existem pouquíssimos sinais do primeiro bilhão de anos da Terra. Devemos ter em mente que o que vemos na Terra é "muito recente": o oceano Atlântico, por exemplo, só começou a se formar há 165 milhões de anos. No que concerne à datação das rochas terrestres, os métodos utilizados para as rochas mais antigas são os que vimos a propósito da idade

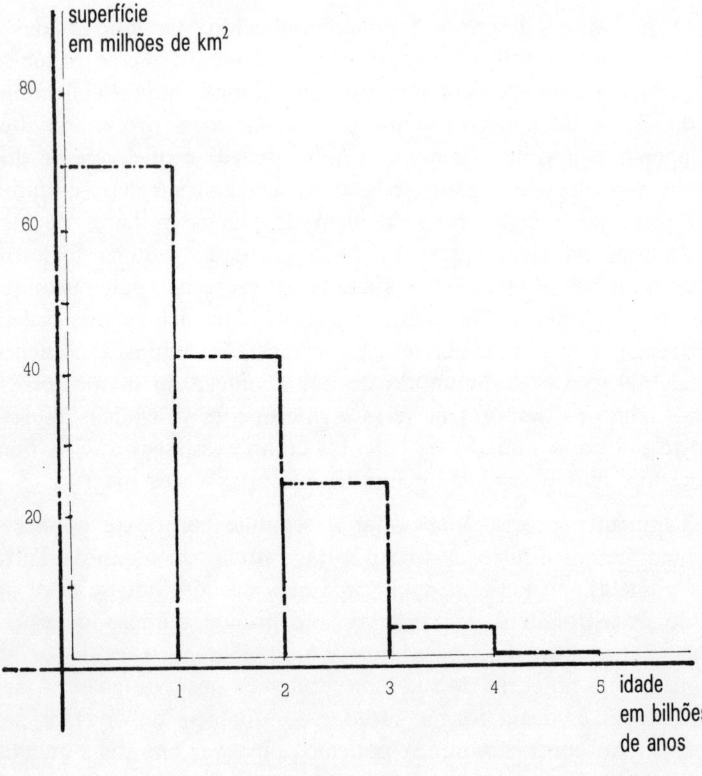

A superfície das terras decresce rapidamente em função de sua idade; somente uma pequeníssima parte que data do primeiro bilhão de anos da história terrestre subsiste atualmente.

do sistema solar: lembremos que se trata essencialmente da desintegração do rubídio 87 em estrôncio 87, e da desintegração dos isótopos 235 e 238 do urânio e do tório 232 em isótopos 207, 206 e 208 do chumbo. É de se notar que esses diversos métodos, aplicados sobre milhares de amostras de rochas, fornecem resultados geralmente concordantes e permitem reconstituir a história geológica de nossos continentes.

Os resultados dessas datações são representados pela figura, na qual agrupamos em intervalos de 1 bilhão de anos as diversas idades medidas. As cifras são as seguintes:

idade inferior a 1 bilhão de anos	:	superfície 70 milhões de km^2
idade compreendida entre 1 e 2 bilhões	:	superfície 46 milhões de km^2
idade compreendida entre 2 e 3 bilhões	:	superfície 27 milhões de km^2
idade compreendida entre 3 e 4 bilhões	:	superfície 6 milhões de km^2
idade superior a 4 bilhões	:	superfície 0 milhão de km^2
superfície total dos continentes atuais	:	149 milhões de km^2

Somente 4% da superfície atual da Terra têm mais de 3 bilhões de anos, e nada ultrapassa os 4 bilhões. As rochas terrestres mais velhas foram datadas por diversos métodos. Amostras retiradas da costa ocidental da Groenlândia, perto da cidade de Godthaab foram datadas em 3,8 bilhões de anos; na costa canadense do Labrador, na direção da Groenlândia, foram descobertas rochas de idade semelhante. Aí estão as mais antigas testemunhas da história primitiva da Terra, isto é, pedras que se formaram nessa época e não sofreram maiores modificações desde então.

Podemos, descrever agora, muito esquematicamente, a maneira como foram formadas, na era pré-cambriana, as partes mais antigas da superfície terrestre. Hoje, nada resta do que existia durante os 750 primeiros milhões de anos na superfície da Terra. Muito cedo formou-se uma crosta sólida em torno de um interior terrestre quente e fundido. Essa crosta era muito instável e o vulcanismo era intenso. A crosta era bombardeada por pequenos e grandes meteoritos. Essa pele era constantemente furada e enormes vazamentos de "líquido subcutâneo" a cobriam freqüentemente. Correntes de matéria em fusão circulavam entre o interior da Terra e sua superfície. Os fragmentos da crosta soçobravam no líquido quente que a cercava, e uma nova superfície sólida voltou a se formar então.

Mas, pouco a pouco, as coisas se acalmaram acompanhando o esfriamento progressivo da Terra. O vulcanismo e o bombardeio de meteoritos tornaram-se menos intensos, e a crosta foi ficando cada vez mais estável. Mais tarde formaram-se os continentes atuais: Europa, Ásia, África, América, Austrália, continente Antártico. Esses acontecimentos, descritos pela teoria da tectônica das plataformas da qual a deriva dos continentes é uma das manifestações essenciais, são bem conhecidos. Vamos nos contentar, aqui, em considerar seu principal mecanismo, representado pelos esquemas seguintes. Imaginemos que os continentes são gigantescos blocos carregados por uma plataforma, chamada placa continental, que pode se deslocar e assim transportá-los. Da mesma maneira, o fundo dos oceanos forma uma placa oceânica, também móvel. Esse conjunto flutua sobre o manto terrestre, submetida a lentos movimentos. Muitas coisas acontecem no encontro de tais placas: continentes podem emergir, nascem cadeias de montanhas, outros continentes soçobram debaixo da água dos oceanos. A matéria sólida que constitui as placas sofre, então, profundas transformações: vê-se, por exemplo, na figura que descreve o encontro de uma placa continental com uma placa oceânica, esta última deslizar sob a primeira e então desaparecer por fusão no interior do manto. Assiste-se, assim, ao que se chama "reciclagem" dos elementos da superfície terrestre.

Desde o começo da Terra até hoje, acontece esse fenômeno. Em sua superfície, durante todos os tempos, continentes se formaram e outros desapareceram. Dizer que as mais velhas rochas terrestres têm 3,8 bilhões de anos significa que elas não foram recicladas no manto terrestre desde essa idade distante, mas sua vez chegará... Essa reciclagem dos materiais da superfície terrestre faz-se acompanhar sempre de uma separação parcial dos elementos que a constituem; é assim que prossegue ou se prolonga a diferen-

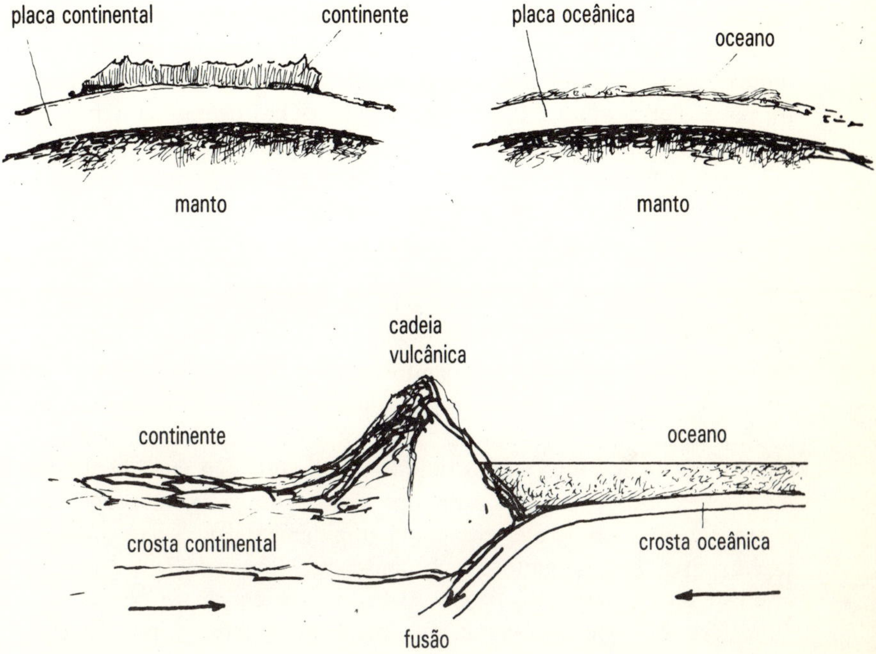

Alguns elementos da tectônica das placas: uma placa continental, uma placa oceânica, em seguida o encontro de duas formações desse tipo.

ciação inicial em centro, manto e crosta, cuja composição química é muito diferente.

DE ONDE VÊM A ÁGUA E O AR?

Eis aí dois elementos que nos são indispensáveis e sem os quais a vida não teria podido desenvolver-se. Ora, eles nem sempre existiram. Quando e como se formaram? Sabemos que a bola quente primitiva que era a Terra foi aglomerada a partir de gás e de poeira cuja composição ela possuía. Vimos que o Universo é composto por cerca de 90% de hidrogênio, dez vezes menos hélio, e muito pouco de todo o restante: ora, é justamente esse resto que forma a Terra atual. Para onde foram o hidrogênio e o hélio? Esses dois elementos são muito diferentes um do outro: o hélio é um gás inerte do ponto de vista químico e não combina com nenhum outro elemento; o hidrogênio, ao contrário, produz uma grande variedade de combinações químicas sob a forma de moléculas mais ou menos complexas. Desse modo, a matéria viva contém muito hidrogênio — em nosso corpo, 6 em 10 átomos são constituídos por esse elemento. O hidrogênio primitivo pôde se combinar com a maioria dos outros elementos, porém muito parcialmente; o essencial, sob forma gasosa, acompanhava o hélio para criar uma enorme bola de gás em torno da Terra. Como esses dois elementos, que são os mais simples constituintes da matéria são igualmente os mais leves, isto é, aqueles sobre os quais a força de atração terrestre é a mais fraca, eles escaparam rapidamente da Terra; agora, fazem parte do gás muito pouco denso que "preenche" os espaços interestelares e intergalácticos. Aliás, nas camadas superiores da atmosfera terrestre, continuam a se produzir mudanças incessantes: um bombardeio pelos raios cósmicos (que são justamente constituídos, sobretudo, por núcleos de hidrogênio e hélio) e um escapamento pequeno, mas contínuo, dos gases mais leves da atmosfera terrestre, isto é, o hidrogênio e o hélio.

A atmosfera primitiva da nossa Terra viu-se então rapidamente constituída somente de gases mais pesados, retidos pela atração terrestre. A composição do "ar" devia então ser mais ou menos o que se encontra atualmente em torno de certos planetas como Marte e Vênus: metano (CH_4), gás amoníaco (NH_3), hidrogênio sulfuroso (SH_2), gás carbônico (CO), talvez um pouco de nitrogênio e de água. Estamos longe da composição atual, ou seja, 79% de nitrogênio, 20% de oxigênio e 1% de argônio.

Durante a primeira centena de milhões de anos, não podia existir água em estado líquido na superfície terrestre, pois a temperatura da Terra era demasiado elevada: a água vaporizava-se. O vapor de água dos primeiros tempos evadiu-se da atmosfera*. Para que se formassem os oceanos, foi preciso esperar que a temperatura na superfície da Terra se tornasse mais branda. Como vimos várias vezes, operou-se um esfriamento progressivo, as transformações diminuíram e sua violência atenuou-se. Nosso mundo começou a ter um aspecto apresentável quando pôde reter a água que continha, por exemplo, de modo combinado nos silicatos do manto e da crosta terrestre: a condensação dessa água em mares e oceanos a impedia de se afastar indefinidamente da Terra sob forma de gás**. No começo o oceano fervia, era intensa a vaporização da água, chovia sem parar sobre os continentes: era o Dilúvio! Assim foi criada o que hoje chamamos a hidrosfera, que compreende a água da superfície terrestre sob forma líquida (os oceanos, os rios), sob forma sólida (os gelos do continente Antártico, por exemplo) e sob forma gasosa (vapor de água do ar, nuvens). Nessa hidrosfera desenrolou-se o ciclo da água que passava de um estado a outro, e que exercia intensa ação de nivelamento da superfície pela erosão que provocava.

Hoje, os oceanos cobrem 70% da superfície terrestre. A água teve um papel primordial não somente pela erosão, como pelas intensas trocas químicas que seu ciclo engendrava: em razão do enorme movimento das massas de água, os diversos componentes da crosta e da atmosfera primitiva eram postos em contato, e numerosas reações químicas podiam produzir-se. Dessa maneira, formaram-se, pouco a pouco, moléculas cada vez mais complexas, e a composição das diversas partes da nossa Terra foi-se modificando.

Foram necessários, todavia, bilhões de anos para que nossa

---

* Com efeito, o gás formado desse modo é relativamente leve; sem dúvida, menos leve que o hidrogênio e o hélio, porém mais do que o neônio, por exemplo. Ora, nossa atmosfera atual contém pequenas quantidades de neônio, apenas alguns traços, em todo caso muito menos do que há no Universo e, portanto, do que deveria haver no começo da história da Terra. E, como esse neônio escapou à atração terrestre, o mesmo aconteceu com o vapor de água inicial.

** Insistimos aqui no papel fundamental da temperatura. Uma descrição mais exata faria intervir igualmente o parâmetro pressão atmosférica.

atmosfera atual se criasse. Como o hidrogênio e o hélio estavam perdidos, o essencial veio dos gases que eram prisioneiros do manto terrestre: basta observar uma erupção vulcânica para se perceber que há, ainda em nossos dias, enormes massas de gás prisioneiras no interior da Terra, sob sua crosta; os vulcões soltam sob forma gasosa, sobretudo, água, nitrogênio e gás carbônico. Vejamos o que advém desses três compostos: há pouquíssima água na atmosfera atual, mas sua condensação forma os oceanos. Se não há mais gás carbônico no ar, embora os vulcões continuem a soltá-lo, isso se deve à função clorofílica das plantas que transformam o gás carbônico em oxigênio, por um lado, e em carbono, assimilado por elas, por outro. Esse mecanismo regulador é responsável pelo fraco teor de gás carbônico em nossa atmosfera.

Mas tal fenômeno não existia no começo da era pré-cambriana, pois o desenvolvimento do mundo vegetal somente aconteceu depois do aparecimento da vida. Então, para onde ia o gás carbônico? Dissolvia-se parcialmente na água, era carregado para os oceanos e combinava com diversos óxidos como os do cálcio para formar carbonatos sólidos: esta é a origem do calcário cuja fórmula química mais simples é $CaCO_3$, resultante da combinação CaO (óxido de cálcio) + CO_2 (gás carbônico).

Finalmente, desses diversos gases liberados pela crosta terrestre, quase que só restava o nitrogênio, que hoje representa 79% do ar. De onde provém o resto? O oxigênio estava ausente no começo: seu aparecimento* na atmosfera terrestre data somente de 2,6 bilhões de anos, graças ao desenvolvimento da vida vegetal. O argônio, que constitui a última percentagem, provém essencialmente da desintegração de um elemento radioativo, o potássio 40, que é o principal responsável pela radioatividade natural hoje, 4,55 bilhões de anos após a formação da Terra; seu período de 1,3 bilhão de anos lhe permitiu sobreviver em parte...

* Esse fenômeno pôde ser datado devido às suas conseqüências: pela presença de oxigênio livre, a atmosfera e a hidrosfera tiveram suas propriedades químicas consideravelmente alteradas (esses meios eram redutores e se tornaram oxidantes). Isso provocou a precipitação, no fundo dos oceanos, de diversos compostos caracterizáveis em formações sedimentares de idade conhecida.

Acabamos por chegar ao ponto em que o mundo começa a se parecer com o que é hoje. Nele existem continentes e oceanos, existe água, muita água, e o conjunto é circundado por uma atmosfera composta, sobretudo, de nitrogênio. Está pronto o cenário para o surgimento da vida.

O começo da vida

Nascida de uma condensação de poeira no meio dos espaços infinitos do Universo, a Terra era, no começo, uma bola quente e incandescente. Pouco a pouco, as condições infernais existentes abrandaram-se, de modo que continentes e oceanos puderam se formar e permanecer. Então, a vida pôde aparecer.

O QUE É A VIDA?

Como caracterizar a vida?

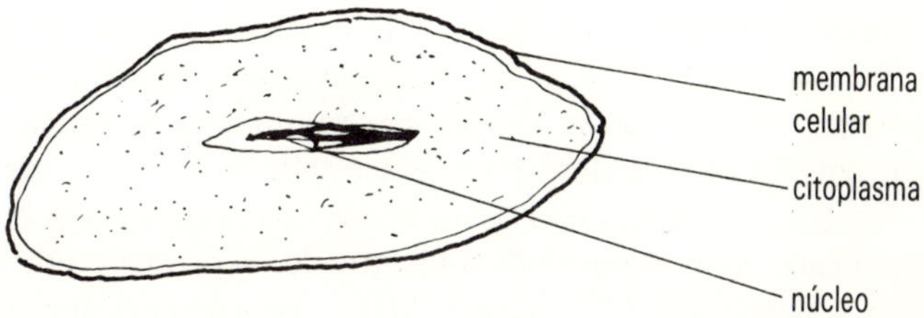

Representação esquemática de uma célula animal ou vegetal, com um núcleo individualizado separado do citoplasma por uma fronteira (célula eucariota)

O estudo do corpo humano nos mostra que ele compreende cerca de 100.000 bilhões de células (das quais aproximadamente 500 bilhões são renovadas a cada dia!). Sua organização é excessivamente complexa: cada uma delas é especializada em uma função — umas são musculares, outras ósseas, e outras nervosas etc. Cada célula é um conjunto limitado por uma membrana, a parede celular, que encerra um líquido, o citoplasma, e um núcleo.

A análise química dos constituintes da célula revela que, apesar da variedade extraordinária dos organismos e das funções, existem pontos comuns às células que vamos examinar: seu material de base é formado de proteínas e de ácidos nucléicos. As proteínas são longas cadeias de átomos formadas pela reunião em série dos chamados ácidos aminados: na matéria viva intervêm cerca de vinte ácidos aminados diferentes, dos quais o mais simples é a glicina, que se representa pelas seguintes ligações de átomos de carbono, hidrogênio, oxigênio e nitrogênio:

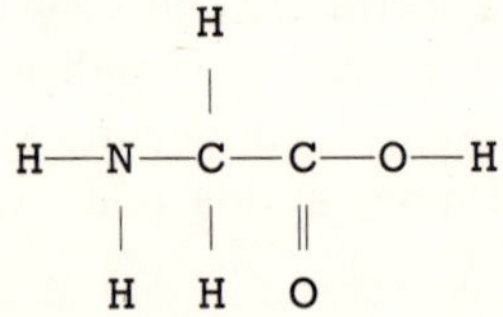

Assim, por reunião sucessiva de um grande número de moléculas desse tipo, obtém-se uma longa cadeia que forma uma proteína.

A estrutura dos ácidos nucléicos é ainda mais complexa. O mais importante deles é chamado ADN, abreviação de ácido desoxirribonucléico. O ADN desempenha um papel essencial na reprodução pois é capaz de se desdobrar, resultando, em uma etapa ulterior, em duas moléculas idênticas em tudo à molécula inicial. O ADN encerra de maneira codificada todas as informações genéticas, e, dessa forma, conservamos nossa identidade. A figura é uma representação simplificada da molécula ADN. Imaginemos uma escada de corda que torcemos para obter um caracol: duas longas cadeias de átomos são enroladas em espiral em torno de um mesmo eixo. Essas duas cadeias são ligadas entre si, como os degraus de uma escada, por quatro compostos chamados bases nucléicas: adenina, timina, guanina e citosina cuja representação é dada como exemplo:

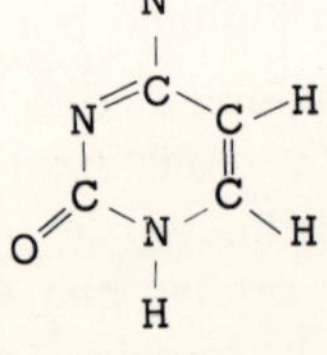

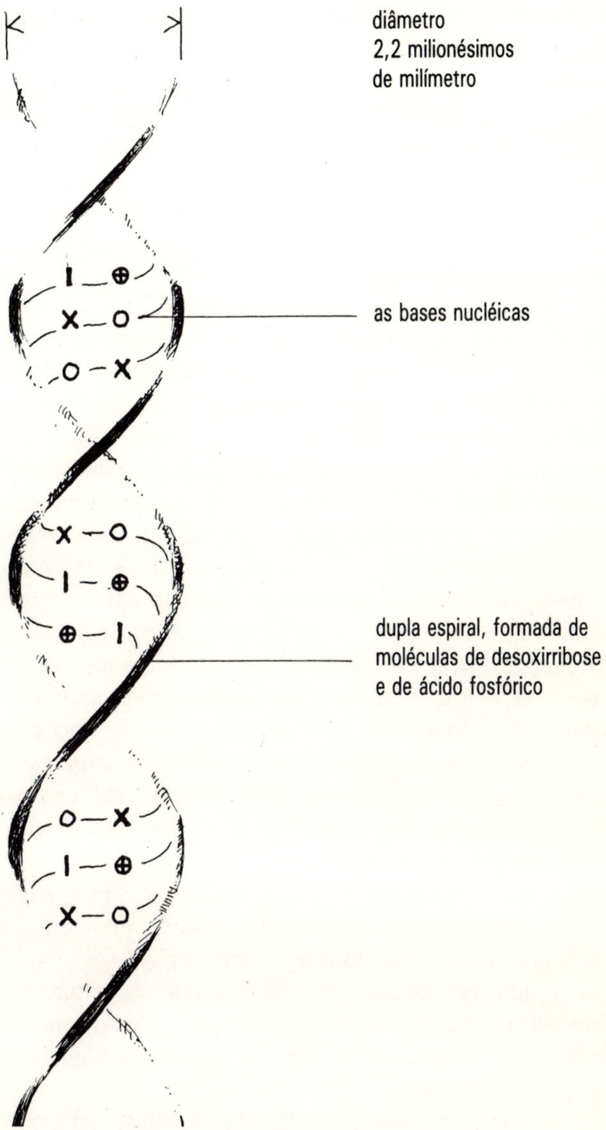

Estrutura do ácido desoxirribonucléico (ADN): a dupla espiral, tão significativa para Crick e Watson...

É na seqüência particular das bases nucléicas, sua sucessão entre as duas espirais da molécula ADN, que é conservado o código genético.

Para nos situarmos agora sob um ponto de vista funcional, ao invés de examinarmos o funcionamento de um ser complexo e muito desenvolvido, consideremos formas muito elementares de vida. Se olharmos ao microscópio uma gota d'água que tenha passado algum tempo ao ar livre, perceberemos nela animais muito pequeninos, chamados infusórios ou paramécios (que podem servir como alimentação de peixinhos de aquário). Trata-se de um animal muito primitivo, constituído de uma única célula cuja membrana tem cílios que lhe permitem deslocar-se. Suas dimensões são da ordem do décimo de milímetro. Pode-se constatar a maneira como os infusórios se alimentam, eliminam os dejetos da digestão e se reproduzem, dividindo-se em dois, ao cabo de algumas horas.

Da mesma maneira, pode-se observar, com microscópios muito possantes, seres unicelulares ainda menos desenvolvidos e muito pequenos — as bactérias — que são os agentes provocadores de certas doenças como o tétano. Aí também, pode-se observar o deslocamento, a nutrição e a reprodução dessas células.

Depreende-se, de tudo isso, um certo número de características comuns a todos os seres vivos, dos mais simples aos mais complexos, que podem ser resumidas pelas três funções:

— a autoconservação: os seres vivos são capazes de se alimentar, isto é, de absorver alimentos, eventualmente gasosos, que lhes fornecem, após transformação, a energia necessária para garantir sua sobrevivência;

— a auto-regulação: esta se manifesta, por exemplo, no movimento que permite ao ser deslocar-se de maneira coordenada para procurar uma presa ou fugir a um perigo;

— a auto-reprodução: os seres vivos são capazes de criar, sozinhos ou a dois, no caso da reprodução sexuada, por uma série de mecanismos químicos e biológicos, seres vivos que fazem parte da sua própria espécie.

Deve existir esse conjunto de características para que se possa falar de matéria viva. Podemos nos perguntar como um fenômeno tão complexo pôde nascer e se desenvolver sobre a Terra.

AS ANTIGAS TEORIAS SOBRE A ORIGEM DA VIDA

As idéias que o homem teve no passado relativas a esse problema essencial evoluíram muito. Elas são o reflexo de sua época e, ao mesmo tempo, caracterizaram as crenças e o estágio de desenvolvimento do ponto de vista científico, pois se trata de um problema que tem muitas implicações filosóficas e religiosas. É, portanto, um assunto que desencadeia paixões e no qual floresce a intolerância. Apesar dos recentes e fantásticos progressos da biologia molecular, a discussão continua... e continuará, sem dúvida, por muito tempo ainda.

Os Antigos pensavam que a vida podia nascer e se desenvolver em qualquer lugar, a qualquer tempo, em um copo d'água, no chão, nos ares. Qualquer um poderia observar esse fenômeno: bastava deixar um pedaço de carne durante algum tempo ao ar livre para nele verem despontar moscas, "a partir de nada"; ou então formarem-se, da mesma maneira, vermes e até ratazanas. Naturalmente nunca se tinha visto geração espontânea de seres humanos, mas é verdade que esses nada tinham a ver com o reino animal. E essa teoria foi admitida até ao século XVII: grandes espíritos como Descartes ou Newton a subscreviam.

Acabaram por se dar conta de que os vermes ou as moscas só nasciam nas matérias em putrefação, porque um outro animal tinha aí depositado seus ovos. Com o advento do método experimental, o declínio da teoria da geração espontânea se fez sentir. Evidentemente, o aperfeiçoamento do microcóspio permitiu grandes avanços nesse domínio. Porém, se a vida não nascia sozinha, mas era transmitida, de onde vinha a "primeira vida"? Só podia ser a obra de um Criador Supremo, que tudo havia criado no Grande Começo.

O século XIX marca uma mudança profunda nesse campo, com o surgimento da teoria da evolução devida a Darwin, segundo a qual os seres vivos não foram sempre idênticos ao que são hoje. Seu estado atual é o resultado de uma evolução muito longa, no curso da qual formaram-se seres cada vez mais complexos, adaptados às suas condições de vida. Todos os seres têm uma origem comum que deve ser procurada em formas primitivas de vida. Essa teoria teve dificuldade para se impor e ainda hoje é discutida por alguns.

Os extraordinários progressos da biologia molecular, durante os últimos 20 anos, permitiram levantar o véu desse mistério. Se ainda restam pontos obscuros, as grandes etapas do processo que conduz da matéria inerte à matéria viva podem agora ser consideradas conhecidas.

A TEORIA ATUAL DA ORIGEM DA VIDA

A teoria da evolução fornece um quadro geral que permite compreender como, a partir de organismos simples, pode-se passar, ao final de um tempo bastante longo, a um ser estruturado e organizado. Porém, ela não fornece nenhuma chave quanto à própria origem da vida em seu começo: é aí que se situa a contribuição da biologia moderna.

O problema fundamental que se coloca a propósito da origem da vida é o seguinte: se os organismos vivos alimentam-se de proteínas, açúcares e gorduras que eles próprios fabricam, como pôde acontecer que seres vivos nascessem e subsistissem sem esses produtos? A resposta trazida pela bioquímica a essa pergunta consiste em mostrar que, por um lado, esses compostos inertes puderam ser fabricados sobre a terra antes que a vida existisse e que, por outro lado e ao mesmo tempo, cumpriu-se uma longa evolução da matéria inerte para a matéria viva.

O roteiro relativo ao aparecimento da vida que vamos apresentar repousa sobre um certo número de experiências realizadas em laboratório. Pode-se decompor essa evolução em etapas que constituem os elos de uma longa corrente: o que foi possível reproduzir são os principais elos em questão, mostrando-se que os fenômenos que se desenrolam, ou que se supõe se desenrolarem, são possíveis e plausíveis. Mas, não se pode, em laboratório, organizar em seqüência as diversas etapas pois falta um fator essencial: o tempo. Os diversos processos realizaram-se, sobre a Terra, durante centenas de milhões de anos, e foi preciso que, muito lentamente e muito progressivamente, o meio natural em que tudo isso se produziu se modificasse, e que os seres vivos se adaptassem a essas modificações, para, finalmente, podermos nos encontrar aqui e tratar desses assuntos.

Hoje se pensa que as primeiras formas de vida se desenvolveram relativamente cedo nos oceanos, há pouco menos de 4 bilhões de anos, durante a era pré-cambriana. Ainda aí se manifesta uma certa imprecisão, pois o primeiro bilhão de anos da Terra é o menos conhecido. Embora todos os processos tenham sido lentos e contínuos, isto é, evolutivos, distinguem-se dois grandes períodos.

Primeiramente, tem lugar o que se pode chamar a era "pré-biológica", que Teilhard de Chardin denominou o reino do "sub-vivo". Durante essa fase, vão ser postas no lugar as pedras e os tijolos do edifício que nenhum sopro de vida ainda anima. Trata-se aqui de construir as moléculas de que é formada a matéria viva. Tradicionalmente, distingue-se a química orgânica da química mineral: até o século passado acreditava-se que somente organismos vivos podiam, a partir dos átomos, fabricar ou fazer a síntese das moléculas "orgânicas" — daí seu nome. Mas, em 1824, fez-se, pela primeira vez, a síntese da uréia (que não era, afinal de contas, senão um dejeto do mundo vivo. . .) e muitas outras se seguiram.

A fase pré-biológica vai se desenrolar nos primeiros oceanos da Terra, encimada por uma atmosfera muito primitiva onde se encontram nitrogênio, água, metano, amoníaco, gás carbônico. Não existe oxigênio nem ozônio no ar. Atualmente, na atmosfera superior, há uma camada de ozônio que nos protege, absorvendo certas radiações solares, por exemplo, as chamadas ultravioletas. Nos primeiros tempos da Terra, essa radiação, que é muito ativa e induz uma enorme quantidade de reações químicas chegava ao solo. Nessa época o vulcanismo era intenso, a água circulava abundante entre o oceano, as terras e a atmosfera; enormes tormentas deviam então acontecer, com relâmpagos e trovões terrificantes. Nessas condições, graças a essas múltiplas fontes de energia, novas moléculas se formaram a partir da mistura de gás da atmosfera: em um primeiro tempo, ácido cianídrico, formaldeído, em seguida, em uma segunda fasc, ácidos aminados, açúcares (ribose, glicose) e adenina.

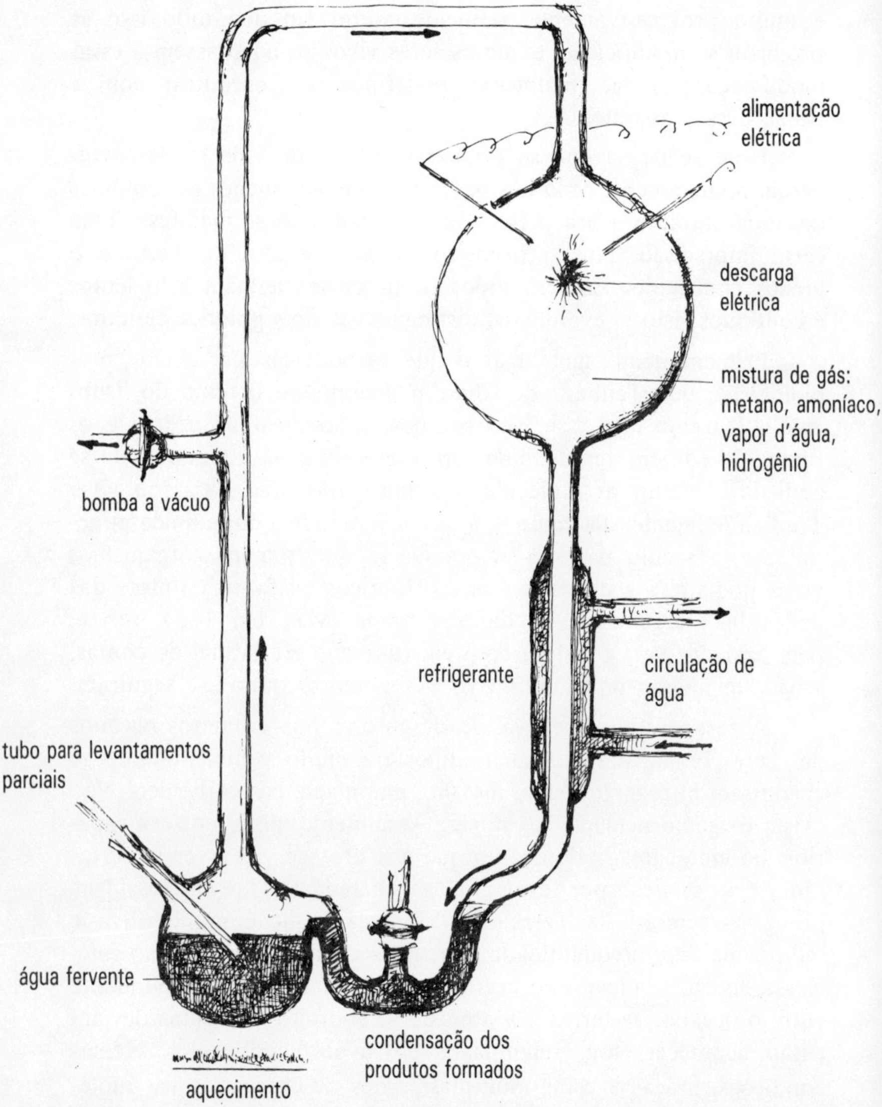

Graças a esse aparelho, em 1952, Miller e Urey puderam obter as primeiras moléculas orgânicas necessárias à vida, em um meio ambiente que pretende reproduzir o da era pré-cambriana.

Esquematizamos, na figura, essas reações de síntese para os três produtos: adenina, glicina e ribose. Como se pode afirmar que essas reações se produziram, uma vez que delas não resta nenhum traço? É o momento de descrever uma experiência realizada pela primeira vez em 1953, e repetida várias vezes desde então, variando suas condições.

A experiência consiste em colocar em um globo uma mistura de gás como a que devia formar a atmosfera da era pré-cambriana, e submeter esses gases a descargas elétricas violentas e repetidas. Condensam-se os produtos formados por meio de um refrigerante, e a água fervente produz uma circulação de vapor. Desse modo, procura-se criar no tubo condições tão próximas quanto possível das que a Terra conhecia: oceanos, chuva, atmosfera, relâmpagos, trocas contínuas. Enquanto que, no começo, o líquido era perfeitamente claro, constata-se, surpreendentemente, que sua cor se torna alaranjada, em seguida, vermelha, marrom e enegrecida ao final de algumas semanas desse tratamento. Ao analisarmos os numerosos produtos formados, encontramos principalmente quatro ácidos aminados diferentes. Variando-se a composição do gás e a duração da experiência, podem ser obtidos todos os tipos de produtos orgânicos, inclusive açúcares e adenina.

Pensa-se que esse processo se realizou durante centenas de milhões de anos, formando o que se chama hoje o "caldo primitivo", onde se desenvolverá, muito mais tarde, a vida. Com o passar do tempo, esse caldo torna-se cada vez mais concentrado em açúcares, adenina, ácidos aminados, e reações vão poder se produzir entre esses compostos. Naturalmente, as moléculas vão se tornar cada vez mais complexas, e não entraremos no pormenor dessas reações. Contentemo-nos em saber que esse conjunto pode ser descrito pelas palavras complexificação — diversificação — concentração. Eis aqui a cadeia que leva aos ácidos nucléicos:

adenina (e outras bases nucléicas) + ribose → nucleosídeos
nucleosídeo + ácido fosfórico → nucleotídeo
exemplo: ATP = adenosina-trifosfato
união de nucleotídeos → polinucleotídeos
os ácidos nucléicos (ADN etc.)

Da mesma maneira, outras séries de reações permitem passar dos açúcares e dos ácidos aminados às proteínas. Portanto, encontram-se, no caldo primitivo, todos os ingredientes necessários para que células possam se alimentar e se multiplicar. A adenosina-trifosfato ou ATP é, em particular, o veículo de todas as reações bioquímicas que põem em jogo energia, sendo de certa maneira a unidade monetária para as trocas entre as moléculas.

Chegamos agora à segunda fase desse longo processo: ainda aqui, uma evolução muito longa vai permitir vermos desenvolverem-se e proliferarem, sempre no caldo primitivo, unidades autônomas a que chamaremos células vivas. É provável que essa passagem não tenha ocorrido por toda parte, em todos os oceanos, porém os primeiros organismos vivos desenvolveram-se em um local particularmente propício e isolado, algum pântano barrento, favorecendo certas reações químicas, onde o caldo estava concentrado e em boa temperatura. E somente em seguida, os seres vivos, durante os milhões de anos que se seguiram, espalharam-se progressivamente pela superfície da Terra.

Como ocorreu, então, essa passagem progressiva das moléculas da bioquímica aos organismos autônomos, alimentando-se, adaptando-se, e reproduzindo-se? Ainda aqui nos são fornecidos índices através de experiências feitas em laboratório. Constatou-se que, se for colocada em um recipiente uma solução feita de proteínas e de ácidos nucléicos, essas grandes moléculas têm a tendência de se aglomerar entre si, formando grupos de duzentas a mil moléculas, que dessa maneira se isolam da água que as cerca. Vistos ao microscópio, esses aglomerados (chamados coacervados) apresentam-se como pequenas esferas, por vezes, coladas juntas e limitadas por uma "parede" que os isola e se assemelha muito a uma membrana. Mas os coacervados são feitos a partir de moléculas extraídas da matéria viva atual e, portanto, não podem representar algo do caldo primitivo. Um comportamento análogo manifesta-se quando se põem em solução certas misturas de proteínas, obtidas por síntese em laboratório. Observa-se, nesse caso, a formação de "microgotas" em que a substância proteínica se concentrou. Vistas ao microscópio, essas estruturas também apresentam uma membrana formada por duas camadas de proteínas.

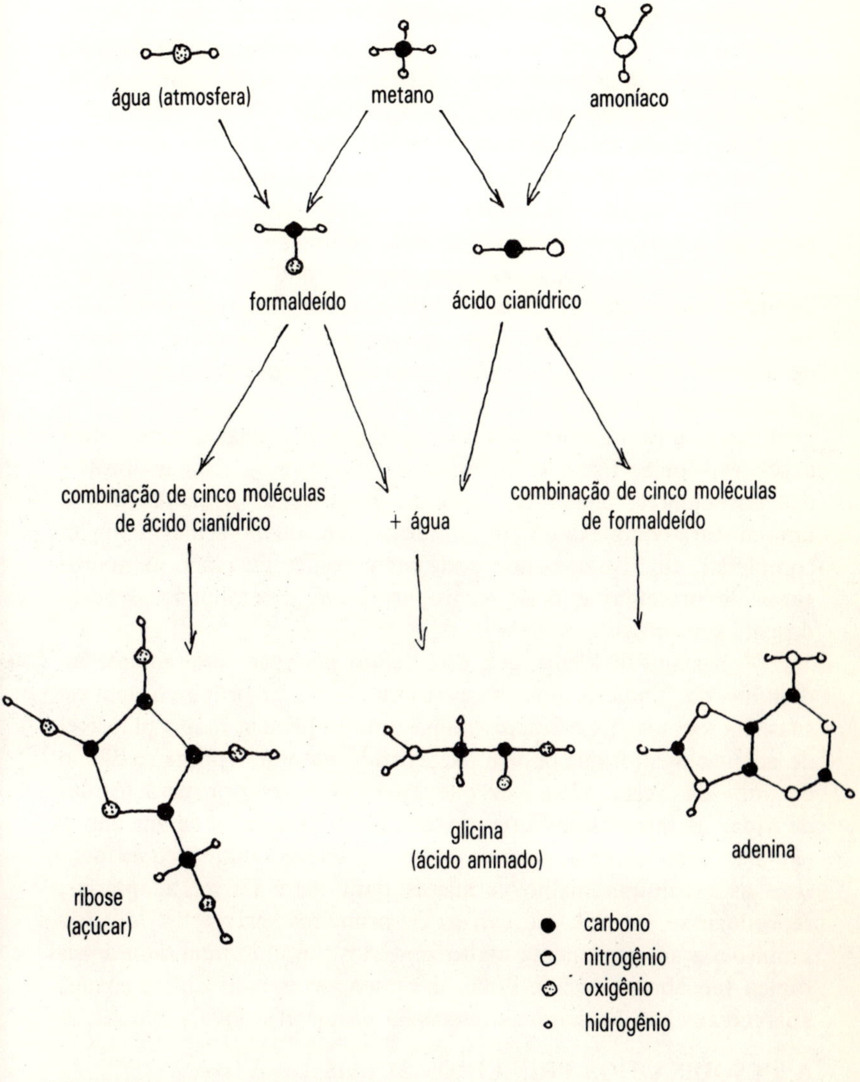

Um esboço da evolução pré-biológica, traduzida em termos de síntese química: a síntese da adenina, da glicina e da ribose a partir de amoníaco, de metano e de água.

Os biólogos conseguiram muitas informações através da observação dessas microgotas. Podemos vê-las crescerem, por absorção de outras moléculas da solução. Quando se tornam grandes demais, começam a se dividir em duas gotas menores. Nem todas, porém, são aptas a sobreviver, e parece que a gota mãe não transmite muito bem os produtos necessários à autoconservação dessas microgotas. Com efeito, manifesta-se entre elas uma espantosa luta pela sobrevivência: algumas aumentam de volume e se dividem, outras estouram e morrem. Tem-se aí uma figuração do que se pode observar ao microscópio em um líquido que encerre bactérias: estamos aqui muito próximos da matéria viva, faltando pouco para passar de uma microgota que se alimenta do que a cerca, aumenta de volume e se divide, aos primeiros organismos vivos, ou seja, a possibilidade de eles mesmos fabricarem sua matéria nutritiva, e a transmissão, no decorrer da divisão, das substâncias que permitem a sobrevivência. Essas características importantes acionam proteínas particulares, chamadas enzimas. Finalmente, a célula viva é uma mistura complexa de um grande número de moléculas, também complexas, cujo antepassado pode ser considerado como as microgotas de proteínas que se reagruparam em determinados lugares do caldo primitivo.

É bastante evidente que esse relato pertence inteiramente ao domínio da hipótese, pois nada restou do caldo primitivo nem de suas microgotas. Esse roteiro relata uma seqüência muito plausível de acontecimentos que podem ter ocorrido durante o primeiro bilhão de anos da Terra. Uma vez que apareceram as primeiras formas de vida, os mecanismos que governam a evolução puderam entrar em ação, introduzindo um processo de seleção natural que favorece as estruturas melhor armadas para defender-se, adaptar-se, reproduzir-se, ou seja, sobreviver. Os primeiros seres vivos do caldo primitivo eram certamente muito sumários, levando uma vida anaeróbica (ao abrigo do ar). Pouco a pouco, seres mais aperfeiçoados apareceram, até formarem o essencial da matéria viva.

A PESQUISA DOS PRIMEIROS SINAIS DE VIDA

Existe uma grande dificuldade, que reencontraremos sempre ao longo do estudo dos vestígios de uma atividade biológica e humana: a matéria "orgânica" que constitui um ser vivo se destrói por si mesma depois da morte, pois a vida é um fenômeno a tal ponto complexo e aperfeiçoado, que a matéria viva sem a vida volta a suas origens — pela putrefação, as moléculas gigantes de proteínas e ácidos nucléicos pouco a pouco cindem-se, fragmentam-se, dividem-se, e volta-se aos ácidos aminados e até mesmo aos compostos mais simples de onde se partiu (água, metano, gás carbônico, nitrogênio, amoníaco etc.). Esse processo de degradação pode ser mais ou menos lento segundo as condições exteriores tais como temperatura, presença de ar e de água, mas realiza-se inexoravelmente. Que pode, então, permanecer como testemunha da existência de seres vivos antigos?

Existem duas possibilidades, sendo que uma delas se serve da *fossilização*. Esse processo se faz no solo, ao abrigo do ar: um organismo morto pode ser inserido em uma camada de sedimentos e, se for bastante resistente, aí formar uma espécie de inclusão. Depois, lentamente, durante milhões de anos, a circulação das águas subterrâneas provoca depósitos de substâncias minerais tais como sílica, silicatos carbonatos que vêm preencher o volume ocupado inicialmente pelo organismo enterrado, respeitando suas formas. Assim, são conhecidos troncos de árvores fossilizados, constituídos de sílica, que são árvores de pedra cujo talhe reproduz exatamente as formas (mas não as cores) da árvore inicial, pois suas diversas partes eram de fragilidade diferente e foram substituídas pela sílica, em momentos diversos, não tendo exatamente o mesmo aspecto. Da mesma maneira, operaram-se as fossilizações dos animais antigos.

A outra possibilidade de encontrar testemunhas de vida arcaica consiste em procurar um sinal indireto que testemunhe a atividade dessas células vivas: assim, as conchas dos moluscos são constituídas de matéria mineral mas são fabricadas por esses seres vivos, sendo, portanto, testemunhas de sua existência. Os organismos primitivos estavam longe de saber fabricar conchas! Entretanto, pode-se observar, em certas regiões da Austrália e às margens do mar Vermelho, colônias constituídas por um grande número de organismos microscópicos e muito simples, do tipo das bactérias, formarem espécies de pilhas de sedimentos, os quais não são os próprios organismos, mas sim grãos de calcário reunidos em camadas como se fossem pilhas de panquecas. Chamam-se *estromatólitos* e são, portanto, formados por aglutinação de grãos minerais originados pela atividade biológica de microrganismos.

Foram encontrados em diversos locais datando da era pré-cambriana, microfósseis de organismos muito primitivos, ou de estromatólitos. Para datá-los, usa-se ou o método do rubídio-estrôncio que já conhecemos, ou o método das famílias do urânio e do tório que fornece resultados concordantes com os primeiros. Notemos, todavia, que, para não destruí-los, não se datam os próprios fósseis, mas a camada sedimentária na qual estão inseridos. Descobriram-se microfósseis nas rochas terrestres mais antigas, na Groenlândia, com 3,8 bilhões de anos. Da mesma forma, estruturas de estromatólitos foram descobertas na região de North Pole na Austrália, datadas de 3,5 bilhões de anos. Essas descobertas são muito controvertidas por diferentes razões. Os microfósseis são esferas muito pequenas cuja superfície seria o vestígio das membranas que limitam esses pequeninos organismos. Esses microfósseis são muitas vezes acompanhados de traços de carbono, mas não é certo que este seja de origem biológica. Em outras palavras, observam-se ao microscópio microsferas que são interpretadas como microfósseis, sem que seja possível absolutamente excluir uma origem puramente mineral.

Mas não se permitem dúvidas quando se encontram formas mais complexas, tais como filamentos ou bastonetes de bactérias mais evoluídas. Nem sempre estamos certos de que esses microrganismos viveram na época em que a rocha contendo seus fósseis se sedimentou. Eles podem ser devidos a uma contaminação posterior, podendo-se imaginar que, no decorrer dos bilhões de anos que se seguiram, tenham-se infiltrado e se depositado onde são encontrados, graças a uma circulação de água.

Também com relação às estruturas rochosas que lembram os estromatólitos atuais, nada é certo: mesmo os autores das últimas descobertas nesse assunto são eles próprios muito prudentes, tanto no que concerne à interpretação das rochas estudadas em termos de estromatólitos, quanto sobre a origem biológica desses últimos.

colônias de estromatólitos atuais

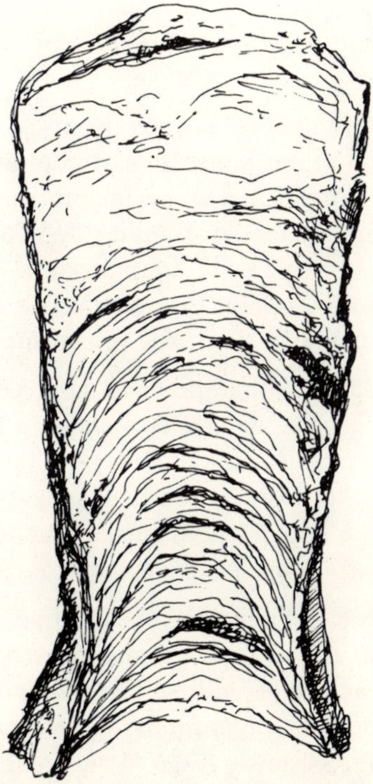

corte de um estromatólito

Os estromatólitos são formações geológicas criadas por microrganismos.

Por muito tempo ainda subsistirá uma dúvida quanto à data exata do aparecimento da vida na face da Terra, mas se conhecem, *grosso modo,* as grandes datas da evolução do mundo vivo durante a era pré-cambriana:

- Há 3,5 bilhões de anos mais ou menos, ocorreu a passagem do inerte ao vivo. A partir de microgotas de moléculas orgânicas sintetizadas no caldo primitivo, nota-se a formação de bactérias heterotróficas de vida anaeróbica (alimentando-se de proteínas não sintetizadas por elas próprias). Essas bactérias são "procariotas", isto é, seres muito simples, sem núcleo celular, formados apenas de um citoplasma e uma cadeia de ADN.

- Por volta de 3 bilhões de anos, aparecem bactérias mais evoluídas, capazes de realizar a fotossíntese na água, ao abrigo do ar, e o pouco oxigênio assim formado, em estado de traços, não se espalha na atmosfera, mas combina com o ferro dissolvido nos oceanos.

- Cerca de 500 milhões de anos depois, desenvolvem-se bactérias de vida aeróbica e, um pouco mais tarde, as algas azuis ou cianobactérias, o que provoca o aparecimento do oxigênio na atmosfera terrestre que, aos poucos, vai mudar de composição. Com isso, os organismos vivos evoluem e adaptam-se a essas novas condições, de modo a primeiro tolerar esse oxigênio e depois utilizá-lo. Assiste-se, então, à extinção de certos organismos de vida anaeróbica.

- Há cerca de 1,5 bilhão de anos, apareceram os primeiros seres "eucariotas", ou seja, de núcleo celular nitidamente diferenciado, antepassados dos animais, dos vegetais, dos cogumelos etc. Esses seres vivos têm "organitos" especializados para realizar a fotossíntese, alimentar, e exercer as diversas funções vitais. Eles se diversificam e se aperfeiçoam progressivamente.

- Por volta de 1 bilhão de anos, surge a reprodução sexuada, sem dúvida, sob forma muito primitiva: a partir desse momento, a criação de novas células não se faz mais por divisão simples, mas após a união de dois organismos que trazem, cada um, seu patrimônio genético. Assiste-se, então, a uma diversificação muito grande do mundo vivo, uma verdadeira explosão da vida.

A era pré-cambriana termina com o nascimento das algas macroscópicas (e não mais microscópicas) e dos primeiros invertebrados: espécies de medusas, corais, belas estrelas do mar. . . Logo esses organismos pluricelulares vão crescer, sair da água, adaptar-se à vida terrestre, e evoluir para plantas e animais cada vez mais diversificados. Os seres serão cada vez mais complexos, e cada um encontrará sobre a Terra seu nicho ecológico onde poderá viver e multiplicar-se. Os milhões de anos que se seguem verão desenvolverem-se os vertebrados, entre os quais os mamíferos que desempenharão um papel essencial. Finalmente, ao cabo de 500 milhões de anos aproximadamente, emergirá uma espécie extraordinária: o homem.

A vida, aqui e em outros lugares

Esse último capítulo não é um exercício de ficção-científica; é muito mais ambicioso. Tenta enfocar, levando em conta o estado atual de nossos conhecimentos em astrofísica e biologia, as interações possíveis entre esses dois ramos do saber humano.

Durante muito tempo, o homem teve que se contentar em observar com seus olhos o movimento dos astros que o cercavam. Utilizando sua faculdade de raciocinar e acrescentando uma boa dose de crenças irracionais, elaborou sistemas de pensamento, propondo-se a descrever e explicar a estrutura do mundo e as leis naturais que o governavam. No dia 17 de fevereiro de 1600, Giordano Bruno foi queimado em praça pública, em Roma. Condenado pela Inquisição, ele pretendia, entre diversos pensamentos "heréticos", que o Universo fosse infinito e a Terra fosse apenas uma pequena parte dele, girando em torno do Sol e não o inverso, podendo existir alhures outros mundos habitados. . . Bruno não é certamente um mártir da ciência, ele próprio nada tinha observado, nem experimentado. Ao defender suas idéias, foi vítima de sua liberdade de pensamento.

Desde o século XVII, o homem utiliza instrumentos astronômicos em suas observações. Há pouco tempo, conseguiu deixar o solo da Terra e explorar nosso satélite, a Lua. Engenhos sofisticados foram observar Vênus, Marte, Júpiter e Saturno. A sonda *Voyager 2* nos enviará, sem dúvida, belas fotografias de Urano, em 1986, e de Netuno, em 1989. Deslocando-se a 10 quilômetros por segundo, essa sonda terá levado 12 anos para percorrer os 4,5 bilhões de quilômetros que nos separam de Netuno, mas estará apenas a 4 horas-luz de nós e serão necessários ainda bilhões de anos para sair de nossa galáxia. Nossa exploração do Universo está começando, e o homem ainda tem muitos mundos a descobrir.

Temos chances razoáveis de descobrir a vida em outro mundo que não o nosso?

AS CONDIÇÕES DA VIDA

Voltemos por um instante à origem da vida na face da Terra. Caracterizamos os seres vivos por sua aptidão à conservação (alimentação, assimilação, eliminação), à regulação de suas funções principais e à reprodução que perpetua a espécie. Essas propriedades reunidas em um certo conjunto (formado por um grupo de moléculas mais ou menos complexas, reunidas de modo funcional) são indispensáveis para que se possa falar de ser vivo. A partir daí existe uma infinidade de possibilidades: das bactérias ao homem, passando por todas as espécies vegetais e animais, há milhões de "maneiras de viver" na Terra. E pode-se ainda imaginar muitas outras: assim como existiu no passado um grande número de espécies, hoje desaparecidas e só conhecidas através de seus fósseis, é possível que a evolução natural da vida sobre nosso planeta dará nascimento, em um futuro mais ou menos distante, a um certo número de plantas e de animais cujas formas e aspecto nossa imaginação não consegue precisar.

Do que foi dito resulta que, se um dia o homem descobrir formas de vida que se desenvolveram em outros planetas, elas terão poucas chances de se parecer com o mundo da biologia que conhecemos, pelo menos em seu aspecto. Fundamentalmente, entretanto, esses seres vivos deverão possuir as características mencionadas acima: autoconservação, regulação e reprodução.

Voltemo-nos agora para os resultados da bioquímica, que nos ensinou ser a matéria viva formada essencialmente de proteínas e de ácidos nucléicos. De maneira mais elementar, acham-se os 20 ácidos aminados e as 4 bases nucléicas, sendo, todos esses compostos, moléculas formadas de carbono, hidrogênio, oxigênio e nitrogênio. Esses elementos químicos são evidentemente os mais abundantes no corpo humano, o que não é surpreendente. O curioso é que são também os que se encontram mais freqüentemente no Universo em seu conjunto (exceto os dois corpos quimicamente inertes que são o hélio e o neônio). Em outras palavras, poderíamos imaginar um outro planeta onde tivesse nascido uma vida que repousasse sobre uma química diferente, por exemplo, com átomos de silício, enxofre, fósforo e hidrogênio: isso não está inteiramente excluído, mas calcula-se que uma combinação dessas teria muito menos oportunidades de se produzir do que aquela que conhecemos como "nossa" matéria vida.

Pode-se deduzir que se a vida existe em outros lugares além da Terra, ela se desenvolveu provavelmente a partir das mesmas bases que em nosso planeta, dos mesmos "tijolos" elementares. Vimos que a partir dos compostos relativamente simples que são a água, o metano, o amoníaco, pode-se gradativamente sintetizar as proteínas, as bases nucléicas e os açúcares. Em seguida, a complexificação das moléculas pode levar, segundo o caminho seguido pelo longo processo que governa a evolução biológica, a outros seres vivos bem diversos.

O exame da estrutura das moléculas da matéria viva, objeto da bioquímica, nos permite agora compreender a orientação das pesquisas sobre a existência de vida em outros planetas: as diferentes sondas enviadas à Lua, Vênus, Marte etc. buscaram saber se existiam ácidos aminados em sua superfície. A mesma análise é feita a propósito dos meteoritos, caudas de cometas etc.: se uma vida se desenvolveu em algum lugar, deve ter se formado dos ácidos aminados, e por isso são eles que são buscados.

Voltemos uma última vez às condições primitivas que existiam na Terra, para insistirmos em um fato que parece essencial: a presença de água em estado líquido. Vimos que, na Terra, tudo se passou em um primeiro tempo (durante 1 bilhão de anos. . . apenas!) no caldo primitivo, vasto oceano onde se achavam justapostos os ingredientes necessários. Ora, sabe-se muito bem que a água só existe em estado líquido, sob nossa pressão atmosférica, entre 0 e 100°C. Na escala do Cosmos, onde as temperaturas se estendem do zero absoluto a milhares e milhões de graus, essa é uma situação rara. . . E talvez seja uma condição draconiana: para que a vida possa existir em um outro mundo, é preciso que ele seja submetido a fornecimentos e perdas energéticas de tal monta que a temperatura média existente seja semelhante à nossa. Parece que a presença de uma atmosfera que, pelo efeito de estufa, cria condições eminentemente favoráveis à vida é também necessária.

UM BALANÇO MUITO DECEPCIONANTE

Como se sabe, até agora fracassaram todas as tentativas destinadas a descobrir sinais de vida em outros astros, ou ainda a entrar em comunicação com seres civilizados e distantes. Não vamos nos deter, aqui, nos pormenores da sucessão de fracassos sofridos pelos astrofísicos, mas simplesmente esboçar as grandes idéias que guiam essa pesquisa, pois, nesse campo, não se parte ao acaso: onde, então, é preciso procurar? Em que corpo celeste existem as condições necessárias à vida?

Limitamo-nos, evidentemente, em uma primeira fase, ao sistema solar: é claro que, entre os planetas, os mais próximos de nós oferecem as condições mais favoráveis, do ponto de vista energético, por sua distância do Sol ser pouco diferente da nossa. Assim, essa exploração concentrou-se em Vênus e Marte. Tanto de um lado como do outro, o resultado foi negativo. É possível que tenha havido algum dia, em Marte, água em estado líquido, hoje evaporada? Quanto a Vênus, inútil pensar: lá a temperatura é de 480°C no solo, sob espessas nuvens de ácido sulfúrico! Por fim, um pequeno satélite de Saturno, chamado Titã, pôde alimentar durante algum tempo uma pequena esperança: ainda aí, amarga decepção! Lá são –190°C no solo, sob um nevoeiro de nitrogênio!

Parece que somos, portanto, os únicos seres vivos no sistema solar. Porém, é possível existirem outros conjuntos planetários semelhantes? Com efeito, isso é quase certo: entre os 100 bilhões de galáxias, compostas cada uma de 100 bilhões de sóis, existem provavelmente bilhões de bilhões de sistemas planetários. E, entre eles, uma quantidade fantástica de planetas apresenta condições físicas análogas às nossas. Por que o mesmo que se passou na Terra não teria acontecido em outros lugares? A maioria dos astrofísicos julga existir um grande número de planetas habitados por seres vivos. Isso não significa que haja, nesse momento, civilizações humanas análogas à nossa — pôde ou poderá um dia haver seres semelhantes à espécie humana. Considerando-se o imenso número de planetas capazes de acolher tais sociedades, é muito provável que espécies de humanos, possuindo um nível tecnológico comparável ao nosso, existam em alguma parte do Universo.

Como não se trata, no momento, de ir explorar corpos celestes fora do sistema solar, toda a pesquisa nesse campo se tem orientado no sentido de ensaios de comunicação, por meio de ondas radioelétricas, com extraterrenos desconhecidos. Partindo de diversos observatórios, foram enviadas mensagens, astuciosamente codificadas, dando o máximo de informações, em uma linguagem muito informatizada, sobre a nossa Terra e o que somos. Será que uma dessas mensagens já foi captada? É possível que em algum lugar do Universo, hoje ou dentro de 50 milhões de anos, alguns humanos fiquem perplexos diante do registro de ondas recebidas por suas antenas?

Outros pesquisadores, ao contrário, puseram-se à escuta do Cosmos. Por meio de grandes antenas, eles captam o menor sinal. Sua missão é difícil: no meio da verdadeira cacofonia existente em nossa atmosfera, entre toda sorte de mensagens publicitárias, comerciais, musicais, procuram detectar uma pequenina voz longínqua, inteligível, que mal pode ser ouvida. . . E em que freqüência é preciso escutar? Como isso é difícil de se determinar *a priori,* produziram-se recentemente aparelhos que permitem escutar por milhões de canais radioelétricos simultaneamente. Um dia, quem sabe... Mas para isso é preciso que ainda estejamos aqui. . .

O INVERNO NUCLEAR?

O destino da Terra, considerada como objeto astronômico, é dependente do destino do Sol. Sabe-se que, dentro de aproximadamente 5 bilhões de anos, o Sol terminará sua estadia na seqüência principal das estrelas, transformando-se em gigante vermelha, engolindo Mercúrio, Vênus, Terra, Marte e talvez Júpiter. Se nossa espécie sobreviver até lá, terá feito tais progressos técnicos que lhe será seguramente possível organizar sua transferência para Saturno ou para um de seus satélites tornado habitável, ou ainda para um outro sistema solar mais jovem. . . Não, não há motivo para ficarmos inquietos com esse prazo tão longínquo.

Também é possível que, antes disso, um gigantesco meteorito caia sobre a Terra, provocando um enorme sismo, maremotos, e que uma nuvem de poeira escureça a atmosfera durante longos meses: um acontecimento desses pode explicar o desaparecimento súbito dos dinossauros, há 65 milhões de anos.

Poderia igualmente acontecer que uma supernova próxima do nosso sistema explodisse, provocando um tal fluxo de radiações na Terra que um grande número de organismos vivos não sobrevivesse.

Entretanto, esses diversos acontecimentos, ligados à dinâmica interna da nossa galáxia, são altamente improváveis, em uma escala de tempo razoável.

Mas existe um perigo muito mais imediato que pode pôr em risco a sobrevivência da humanidade: a guerra nuclear. Somente agora começamos a avaliar as conseqüências, a médio e longo prazo, de um tal conflito. No começo de 1984, uma equipe pluridisciplinar (astrofísicos, biólogos, oceanólogos, físicos nucleares etc.) calculou as conseqüências biológicas de um conflito nuclear entre os Estados Unidos e a União Soviética. Sabe-se que esses dois países realizaram o que se qualifica como "equilíbrio do terror" e que suas armas nucleares estocadas equivalem a uma potência de aproximadamente 10 000 megatons (ou seja, quinhentas mil vezes a bomba de Hiroxima). Sabe-se também que, em caso de alerta grave, o melhor meio de defesa é enviar, no mais curto lapso de tempo, seus foguetes equipados com ogivas nucleares contra os objetivos inimigos. Que aconteceria em uma tal eventualidade?

Parece que, sob o efeito imediato das explosões ou de suas conseqüências a curto prazo (radioatividade, incêndios etc.) pouco mais de 2 bilhões de homens (quase toda a região temperada do hemisfério norte) morreriam. E o que aconteceria com os 3 ou 4 bilhões de indivíduos sobreviventes?

Levando-se em conta as conclusões a que chegaram recentemente os cientistas sobre os movimentos na alta atmosfera, por ocasião de erupções vulcânicas tais como a do monte Santa Helena e outros fenômenos análogos, ficou estabelecido que as conseqüências a longo prazo de uma guerra como essa seriam medonhas. Citemos algumas.

Por causa das explosões, uma enorme nuvem de poeira cercaria primeiro o hemisfério norte, depois parcialmente o hemisfério

O começo do inverno nuclear em Paris. Essa sucessão de acontecimentos poderia se desenrolar em poucas horas: a bola de fogo, rodeada de uma onda de choque; o desenvolvimento do cogumelo atômico; por toda parte, propagam-se gigantescos incêndios; pouco a pouco o conjunto funde-se em um enorme braseiro; a tormenta que de tudo isso resulta carrega para a alta atmosfera todas as espécies de partículas; tudo está terminado; instala-se por longos meses um frio e sombrio inverno...

sul. A luz solar ficaria, então, reduzida a menos de um décimo de seu valor normal durante vários meses. Nessas condições, a imensa maioria dos vegetais pereceria.

A temperatura, em um lugar como a França, desceria a cerca de —40°C durante vários meses, fosse qual fosse a estação, e somente mais de um ano depois do conflito, o gelo começaria a fundir-se. Evidentemente, seria impossível encontrar água potável... Em outras palavras, seria um inverno extremamente rude, durante mais de um ano, ao qual a maioria das espécies animais e vegetais não poderia sobreviver.

A camada de ozônio que protege a biosfera das radiações ultravioletas seria destruída, conseqüentemente, a maior parte dos seres vivos dotados de olhos ficaria cega.

As precipitações radioativas seriam de tal monta que, mesmo que não acarretassem a morte dos organismos, provocariam um grande número de tumores cancerosos etc.

A longo prazo, parece que, nessas condições, a biosfera seria completamente destruída no hemisfério norte. A vida deixaria de existir. Haveria provavelmente sobreviventes no hemisfério sul, conquanto não possa ser excluída a hipótese do desaparecimento da espécie humana. De qualquer maneira parece que, se o homem sobreviver a um tal acontecimento, estará mais ou menos na condição do homem pré-histórico...

Que restaria da nossa civilização altamente desenvolvida?

Em 1976, foram descobertos, na Tanzânia, os mais antigos vestígios de pegadas humanas, conservadas graças a condições climáticas inteiramente excepcionais. A datação permitiu situá-las no tempo: sua idade é de aproximadamente 3,7 milhões de anos. Essas marcas fossilizadas constituem o testemunho mais antigo da presença do homem na face da Terra.

Imaginemos agora que, na seqüência de circunstâncias dramáticas como as que acabamos de relatar, a humanidade desapareça da superfície terrestre. A Terra continuaria, apesar de tudo, a evoluir e, em alguns milhões de anos, é possível que os traços da nossa presença tenham sido apagados.

Suponhamos que, dentro de 3,7 milhões de anos, seres inteligentes vindos de um outro planeta venham explorar nosso sistema solar. Que testemunho de nossa civilização evoluída, mas desaparecida, encontrariam? Certamente poucas coisas sobre a Terra, a não ser que recorressem a pesquisas arqueológicas. No entanto, poderiam descobrir vestígios de pegadas humanas: as que Neil Armstrong deixou ao caminhar pela primeira vez sobre o solo lunar, no dia 21 de julho de 1969.

Epílogo

A quantidade de observações acumuladas há algumas dezenas de anos sobre o sistema solar, as estrelas e as galáxias é impressionante. Se as grandezas observáveis são numerosas e inumeráveis os objetos suscetíveis de assim serem explorados, um passo importante deve, entretanto, ser dado entre o que é medido, portanto, conhecido, e o que deve ser inferido disso. De modo muito generalizado, opera-se em astrofísica, como em outras ciências, da seguinte forma: verificamos uma dada propriedade para um certo número de corpos, e em seguida a extrapolamos a todos os outros. Uma tal generalização é arriscada: queimando etapas, podemos facilmente nos perder e cair na ficção científica.

Neste livro, tratamos apenas superficialmente de um certo número de problemas. Além do mais, nunca deixamos o mundo das leis físicas habituais que operam em nosso redor, na vida de cada dia. Em astrofísica, rapidamente alcançamos os limites dessa visão do mundo. É preciso recolocar em causa as noções com as quais estamos acostumados, e isso nos traz transtornos consideráveis. Nossa acepção do espaço repousa sobre a geometria euclidiana e seus famosos postulados; mas a teoria da relatividade geral de Einstein aplica-se a um universo não-euclidiano e recebeu suas primeiras provas experimentais da astronomia. Portanto, se existe um campo ao qual ela deve aplicar-se é o do Cosmos. Mas é difícil representar-se um espaço não-euclidiano... mesmo que matematicamente se trate de um objeto cujas equações alguns manobram com destreza!

A noção de espaço não é a única que deve ser revista: a de tempo tem o mesmo destino. Voltemos à teoria do *Big Bang*, sumariamente exposta aqui. Se partirmos da época atual e remontarmos ao passado, é costume dividir esse intervalo de tempo em eras: sucessivamente era estelar, era radiativa, era leptônica e era hadrônica (pouco importa aqui o que esses termos significam). Suas durações são cada vez mais curtas — a era hadrônica cobre apenas o primeiro décimo milésimo de segundo após o *Big Bang*. Esse período é ele próprio dividido em vários estágios, cada vez mais breves, à medida que remontamos no tempo. Se considerarmos que durante cada uma dessas etapas os fenômenos que se desenrolaram são de importância comparável, concluiremos que não se pode, nesse caso, raciocinar em nossa escala de tempo, e que talvez seja preciso acelerar progressivamente o seu ritmo: cada período que sucedeu ao *Big Bang* tem sua própria escala de tempo, dependendo da densidade e da temperatura do Universo. O que vai acontecer quando nos aproximarmos cada vez mais do instante fatídico do *Big Bang*?

No estado atual das leis físicas, chegamos a construir modelos verossímeis, a partir de 0,000 000 000 000 000 000 000 000 000 000 000 000 000 0001 segundo após o Big Bang, mas *não antes*! Que importa? Sem dúvida, logo faremos melhor, acrescentando alguns zeros ao número acima. Mas isso só fará recuar um pouco mais os limites do nosso conhecimento. Parece que nos deparamos aqui com um obstáculo intransponível, ligado à nossa representação habitual do tempo. Afinal de contas, não se podem aplicar ao *Big Bang* nossas noções de "antes" e "depois". A pergunta "Que havia antes do *Big Bang*?" simplesmente não tem sentido. O mesmo acontece com as dimensões do Universo: em um espaço não-euclidiano, o Universo é curvo mas finito, e não tem sentido perguntar o que existe além dos seus limites...

Defrontamo-nos, portanto, com um problema de representação, análogo ao que se coloca ao físico que estuda o infinitamente pequeno da matéria: a mecânica quântica conduziu a uma reviravolta de grandes proporções de nossa visão do microscópio; na escala dos átomos e dos núcleos, ondas e corpúsculos se confundem, havendo a maior indeterminação, e verdadeiramente temos dificuldade em representar o que se passa...

Uma última incógnita paira sobre essas teorias. Após termos revisto as noções de espaço e de tempo, resta uma sólida pilastra, a das leis físicas. Todas as teorias atuais supõem que essas leis sempre tenham governado as interações entre os objetos, ondas ou corpúsculos que constituem o Universo. Podemos contestar a validade dessa hipótese. Poderia ser verdade que o *Big Bang* devesse ser modelizado com a ajuda de leis novas, recorrendo-se a outros tipos de forças que não as forças nucleares, eletromagnéticas e gravitacionais que regem o mundo físico atual. A imaginação dos pesquisadores não tem limites.

ANEXO A

A radioatividade

O leitor encontrará aqui uma introdução ao fenômeno da radioatividade, e não uma descrição exaustiva.

UM EXAME DA MATÉRIA E SEUS CONSTITUINTES

Os átomos

Consideremos um corpo puro no estado sólido, como um pedaço de ferro ou cloreto de sódio, principal constituinte do sal de cozinha: se examinarmos um grão de sal com uma lupa potente, perceberemos que é formado de cristais de faces brilhantes e bem polidas; aliás, isso é visível a olho nu em certos grãos de sal grosso, ou examinando-se a geada que se forma sobre um galho de árvore no inverno. Isso acontece com todos os corpos puros sólidos; basta, às vezes, observar o corpo ao microscópio para percebermos. Certos cristais, sobretudo quando são bastante grandes, como, por exemplo, os diamantes, rubis, esmeraldas etc., são muito procurados por causa do seu brilho.

Se é difícil fabricar cristais grandes ou encontrá-los na natureza, é fácil, por outro lado, fragmentar um grande cristal em pequenos cristais. Verificamos, então, que as fraturas se fazem de preferência segundo planos paralelos às faces do cristal. Somos levados a pensar que se trata, na verdade, de uma junção de pequenos elementos idênticos, dispostos com regularidade, como quando se fabrica um grande cubo, justapondo oito, ou vinte e sete, ou sessenta e quatro cubos pequenos. Mas o que há dentro do elemento muito pequeno, o menor que se possa fazer? Os gregos chamaram *átomo* a menor quantidade de matéria que se obtém, fragmentando-se um corpo puro. Inversamente, um grande número de átomos, dispostos ordenadamente uns em relação aos outros, acaba por formar um objeto cuja estrutura reflete muitas simetrias: é o cristal.

Segundo a natureza dos átomos de partida e a maneira como os reunimos, podemos obter uma variedade muito grande de cristais. Aqui está a estrutura, na escala do átomo, do cloreto de sódio, constituinte do sal de cozinha: essa estrutura simples é cúbica,

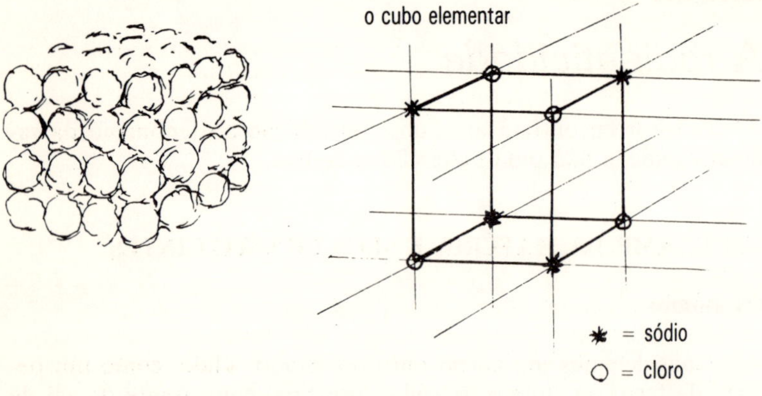

A estrutura de um cristal na escala atômica e sua representação esquemática.

sendo o cubo elementar constituído de oito átomos, quatro de sódio e quatro de cloro, dispostos alternadamente nos oito ângulos do cubo. Se imaginarmos um edifício compacto, trabalhado a partir desse motivo, veremos que cada átomo de cloro (ou de sódio) possui como vizinhos mais próximos seis átomos de sódio (ou de cloro): a distância entre dois vizinhos é o lado do cubo e pode ser medida ou calculada. No cloreto de sódio, por exemplo, essa distância é de 5,6 décimos-milionésimos de milímetro*.

Outros edifícios de átomos, constituídos por outros elementos, ou por elementos reunidos diferentemente, dão distâncias variadas, mas sempre da mesma ordem de grandeza: alguns décimos-milionésimos de milímetro ou angströms. Essas distâncias medem o menor intervalo que possa existir entre dois átomos, isto é, o lugar que cada um deles ocupa. Chegamos, portanto, à conclusão de que a matéria é constituída de átomos cujo tamanho é de alguns angströms.

---

* O décimo-milionésimo de milímetro, ou ainda o décimo-bilionésimo de metro, é chamado Angström (abreviação Å) pelos físicos atômicos que utilizam frequentemente essa unidade.

A notação química

A maioria dos corpos que nos cercam não tem estrutura tão simples quanto a que acabamos de descrever: são, em geral, constituídos de misturas, muitas vezes em proporções mal definidas, de diversos corpos puros. Estes últimos podem ser corpos puros simples ou corpos puros compostos, conforme os átomos que os constituem sejam todos da mesma natureza (é, por exemplo, o caso do ferro, do cobre etc.) ou de natureza diferente (por exemplo, o cloreto de sódio, a água etc.). Por haver na natureza cerca de uma centena de átomos diferentes, eles podem combinar-se entre si para formar um número muito grande de compostos químicos. Cada espécie de átomo caracteriza o que se chama um elemento químico: para podermos distingui-las umas das outras, atribuímo-lhes um nome, um símbolo e um número atômico Z cuja significação física veremos a seguir. Damos alguns exemplos:

$Z = 1$	hidrogênio	símbolo H
$Z = 2$	hélio	símbolo He
$Z = 6$	carbono	símbolo C
$Z = 7$	nitrogênio	símbolo N
$Z = 8$	oxigênio	símbolo O
$Z = 26$	ferro	símbolo Fe
$Z = 29$	cobre	símbolo Cu
$Z = 92$	urânio	símbolo U

Partindo desses diversos elementos, podemos edificar corpos compostos, combinando-os sob forma de moléculas, e escrever sua fórmula química indicando as proporções dos diversos constituintes:

— o cloreto de sódio, cuja molécula é formada pela união de um átomo de sódio (símbolo Na) e de um átomo de cloro (símbolo Cl), será escrito NaCl;
— a água compreende dois átomos de hidrogênio para um átomo de oxigênio: H_2O etc.

Os constituintes dos átomos: elétrons e núcleos

No início desse século, experiências decisivas mostraram que os átomos não eram blocos compactos e homogêneos de matéria.

Muito pelo contrário, seu volume era quase inteiramente vazio! De fato, cada um deles é formado por um núcleo muito denso, onde está concentrada quase toda a massa dos átomos, em torno do qual giram corpúsculos eletrizados chamados elétrons: chegamos, dessa maneira, a uma descrição "planetária" do átomo, e temos a surpresa de constatar que, na escala do infinitamente grande, que é a do sistema solar, e do infinitamente pequeno, aqui considerada, as mesmas leis governam o mundo. E, como o Sol e os planetas são separados por imensos espaços vazios, o núcleo e os elétrons são pequenas bolas muito afastadas umas das outras. Mais precisamente, os núcleos dos átomos são aproximadamente cem mil vezes menores do que estes: seu raio varia de um milionésimo de milionésimo de milímetro a dez vezes esse valor, o que ainda não é muito! Para dar uma imagem, se representássemos um núcleo como uma esfera de um metro de raio, situada na Praça da Concórdia, em Paris, os elétrons girariam ao redor desse núcleo em algum lugar próximo a Orléans ou Rouen.*

Mas quantos elétrons existem girando em torno do núcleo? É aí que vamos encontrar o número atômico da notação química, que é precisamente essa quantidade: no átomo de hidrogênio há somente um elétron, no do oxigênio há oito e no urânio o núcleo é rodeado por noventa e dois elétrons. São precisamente esses elétrons que vão entrar em jogo quando diversos átomos forem se combinar para formar moléculas: vai haver interações entre todos os elétrons para criar uma ligação química. Desta maneira, toda a química e, conseqüentemente, a biologia das substâncias naturais, que se ocupa das moléculas complexas do mundo vivo, têm relação apenas com o sistema de elétrons que gravitam em torno dos núcleos dos átomos.

Vamos agora examinar mais de perto o que são esses núcleos e entrar no domínio da física nuclear ou física do núcleo.

Constituintes do núcleo: prótons e nêutrons

Multipliquemos por 100 000 o aumento de nosso microscópio imaginário e vejamos de que são feitos esses núcleos. Constata-se que estes contêm duas espécies de corpúsculos, chamados nêutrons e prótons. Estes últimos são em número igual ao dos elétrons

* Cidades da França situadas aproximadamente a 100 km da Praça da Concórdia. (N. do R.T.)

planetários, isto é, ao número atômico Z; aliás, cada um desses prótons traz uma carga elétrica positiva, enquanto os elétrons têm uma carga negativa, de maneira que o átomo possui no conjunto uma carga nula, pois os nêutrons, que têm a mesma massa dos prótons, não possuem carga elétrica.

Para resumir, se chamarmos N o número de nêutrons do núcleo, e A o número de núcleons (prótons e nêutrons), teremos

$$\underset{\text{núcleons}}{A} = \underset{\text{prótons}}{Z} + \underset{\text{nêutrons}}{N}$$

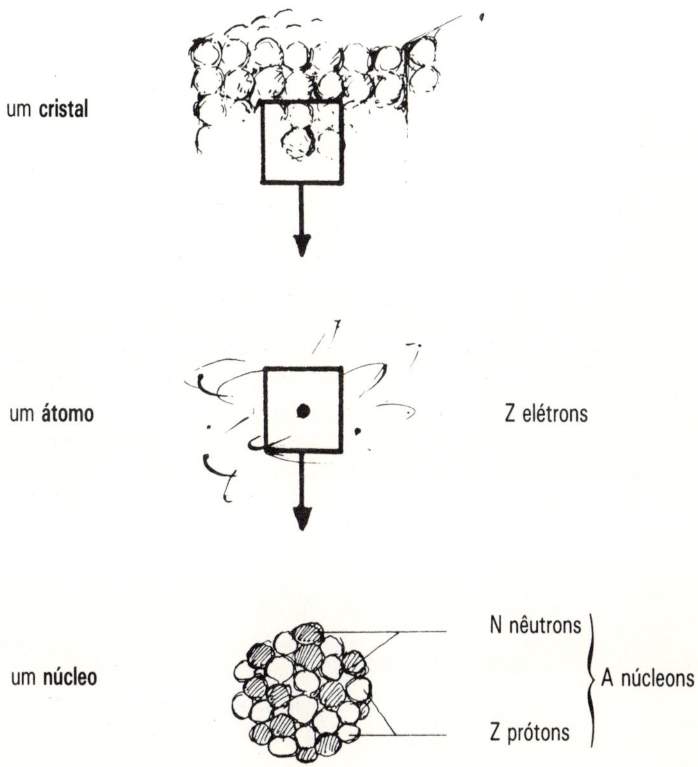

Zoom sobre a matéria: do cristal ao átomo, em seguida, ao núcleo; entre cada uma dessas três imagens, ampliou-se cosideravelmente o aumento da objetiva.

A também é chamado o número de massa: não esqueçamos que o núcleo contém quase toda a massa do átomo — um elétron tem uma massa muito pequena, cerca de 1/2.000 da massa de um núcleon.

Nesse núcleo muito denso, forças consideráveis mantêm apertados nesse pequeno volume todos os núcleons que o constituem, e disso resulta que as energias postas em jogo em toda mudança de estrutura nuclear são enormes: é o que vai caracterizar a propriedade essencial da radioatividade.

OS ISÓTOPOS E SUA IDENTIFICAÇÃO

Que são os isótopos?

Segundo o que acabamos de ver, o que caracteriza um elemento químico e suas propriedades particulares é o número atômico *Z*, isto é, o número de elétrons que gravitam em torno do núcleo determina a possibilidade de criar ligações químicas entre diversos elementos. Essas ligações são interações entre os elétrons. Em uma molécula constituída de diversos átomos, os núcleos não intervêm e conservam sua individualidade.

Mas podem existir, para um mesmo elemento químico, núcleos que não têm o mesmo número de nêutrons: são os isótopos. Dois isótopos de um mesmo elemento têm mesmo número atômico *Z* (isto é, mesmo número de elétrons e mesmo número de prótons em seu núcleo) mas diferem pelo número de nêutrons *N* de seu núcleo — não têm, portanto, o mesmo número de massa *A*. Mas como seu número atômico é o mesmo, trata-se do mesmo elemento químico, e seu símbolo será o mesmo. Vamos dar um exemplo: os dois isótopos 16 e 17 do oxigênio se escrevem:

$$^{16}_{8}0 \text{ e } ^{17}_{8}0 \text{ (escrita simbólica } ^{A}_{Z}X)$$

e têm como números de nêutrons:

$$\text{o primeiro } N = 16 - 8 = 8$$
$$\text{o segundo } N = 17 - 8 = 9$$

Existem, evidentemente, numerosos isótopos, e cada elemento pode ter vários deles. Citemos $^{235}_{92}U$ ($N = 235 - 92 = 143$ nêutrons) e $^{238}_{92}U$ (N = 146 nêutrons) que são muito importantes, no plano econômico, por sua utilização nas centrais nucleares. Esses dois isótopos são também objeto de um método de datação ao qual voltaremos.

Os efeitos isotópicos

Dois isótopos de um mesmo elemento têm mesmo número atômico: suas propriedades químicas serão, pois, as mesmas, já que elas dependem apenas dos elétrons que fazem parte do átomo. Entretanto, os núcleos desses átomos diferem por seu número de nêutrons e, portanto, por seu número de massa. Disso resulta que o isótopo de número A mais elevado é mais pesado do que o isótopo de número A mais baixo. Mas como essa diferença de massa vai se manifestar em nossa escala que é muito grande em relação à dos átomos? Seus efeitos são mínimos, e é necessário fazer medições precisas para percebê-los.

A diferença de comportamento de dois isótopos é chamada efeito isotópico. Esquematicamente, pode-se dizer que entre dois isótopos de um mesmo elemento, o mais leve é também o mais móvel, portanto, fará um pouco mais depressa do que seu irmão as coisas que lhe couber realizar: unir-se a um outro átomo, passar através de uma parede porosa etc. Veremos um pouco mais à frente como essas propriedades podem ser aproveitadas para a separação. Por enquanto, limitemo-nos a assinalar sua existência e uma importante conseqüência: cada vez que, em uma mistura de isótopos de um mesmo elemento, há uma mudança de estrutura importante, como mudança de estado, dissolução ou reação química, manifesta-se um efeito isotópico que se caracteriza pelo chamado fracionamento isotópico.

Tomemos um exemplo concreto: na atmosfera que respiramos, há uma pequena proporção de gás carbônico, de fórmula química CO_2, mas os átomos de carbono que entram nesse composto podem ser isótopos 12, isto é, $^{12}_{6}C$, ou 14, $^{14}_{6}C$, que é o famoso radiocarbono. Ora, esse gás carbônico do ar entra na composição do mundo vivo animal e sobretudo vegetal pelo mecanismo da fotossíntese. Esse processo é acompanhado de um ligeiro fracionamento isotópico: nas plantas, a proporção de carbono-14 em relação ao carbono-12 é 3% mais fraca que no ar. Essa diferença pode parecer mínima, mas tem sua importância e é preciso levá-la em conta em uma datação pelo radiocarbono, sem o que os resultados seriam falseados.

A medida das razões isotópicas

Chama-se razão isotópica o quociente das proporções respectivas de dois isótopos de um mesmo elemento na mistura desses isótopos. Na natureza, a maioria dos elementos existe sob a forma de uma mistura isotópica, freqüentemente de mais de dois isótopos: citemos o caso do estanho, de símbolo Sn ($Z = 50$), cuja mistura isotópica natural compreende os seguintes isótopos, com as respectivas proporções:

$^{112}_{50}Sn$	0,96%	$^{118}_{50}Sn$	24,03%
$^{114}_{50}Sn$	0,66%	$^{119}_{50}Sn$	8,55%
$^{115}_{50}Sn$	0,35%	$^{120}_{50}Sn$	32,85%
$^{116}_{50}Sn$	14,30%	$^{122}_{50}Sn$	4,92%
$^{117}_{50}Sn$	7,61%	$^{124}_{50}Sn$	5,94%

Nessa mistura, a razão isotópica dos estanhos 114 e 112 é de 0,69, o de $^{120}_{50}Sn$ e $^{124}_{50}Sn$ é de 5,53 etc.

Como se podem medir tais razões? Para isso, os físicos dispõem de um aparelho chamado espectrômetro de massa. Sem explicar seu funcionamento pormenorizadamente, indiquemos seu princípio: os dois isótopos cuja razão se quer medir são lançados no aparelho (após serem "acelerados") com a mesma velocidade; fazemos com que, com a ajuda de um campo magnético, descrevam um círculo: nessa rotação, o mais leve dos dois descreve um círculo de menor raio do que o do outro, mais ou menos como em uma centrífuga rotativa onde os compostos mais pesados vão para a periferia. Dessa maneira, podemos recolher em dois locais diferentes do aparelho os dois isótopos. Mas como só é possível submeter à análise isotópica quantidades muito pequenas, imponderáveis, de mistura, não podemos pesar os produtos obtidos. A medida da razão isotópica será feita contando-se, com a ajuda de um detector idêntico aos que a física nuclear utiliza para estudar as radiações, os isótopos quando chegam a uma chapa destinada a recebê-los.

Vemos que essa medida das razões isotópicas não é fácil a ponto de cada um poder fazê-la em um canto de sua oficina caseira de consertos. Ela é feita em laboratórios especializados dotados de espectrômetros de massa e detectores de partículas. Tratamos dessas medidas porque são necessárias a um certo número de métodos de datação. Os espectrômetros de massa são bastante difundidos nos laboratórios, sendo muito utilizados em física nuclear e em outros campos, já que as relações isotópicas intervêm em diversos fenômenos físicos.

INSTABILIDADE DOS NÚCLEOS: A RADIOATIVIDADE

Quais são os núcleos existentes na natureza?

Vimos que um mesmo elemento pode ter vários isótopos. Aparentemente não há limite para o número de isótopos, o qual pode ser bastante grande. Mas, aqui, vale uma observação: na natureza, certamente, encontramos vários isótopos de um mesmo elemento, porém em número limitado a algumas unidades por elemento. Assim, o hidrogênio tem dois isótopos ^1_1H e ^2_1H (hidrogênio "pesado" que, com o oxigênio, forma a "água pesada"), o ferro tem quatro (54, 56, 57 e 58), o chumbo também tem quatro (204, 206, 207 e 208). Trata-se aí de um fato de experiência, que interpretamos da seguinte maneira: se não existem outros isótopos na natureza, é porque eles não são estáveis. Dizer que são instáveis significa que vão desaparecer para resultar em algo estável: é precisamente esse modo de "desaparecimento" que constitui o fenômeno da radioatividade. Diz-se que os isótopos se desintegram, e usa-se desintegração por radioatividade preferivelmente a desaparecimento.

É preciso matizar as afirmações precedentes: assim como nem sempre tudo é branco ou preto, também há, para os núcleos, graus de instabilidade ou estabilidade. Dessa forma, os dois isótopos do urânio encontrados na natureza, 235 e 238, são ambos instáveis, mas sua instabilidade é fraca... Embora o urânio exista na Terra desde sua origem, nem por isso desintegrou-se; mais exatamente, uma parte do que existia desapareceu, mas ainda sobrou algo... Há, portanto, uma relação entre a idade do objeto analisado e a probabilidade que seus elementos têm de se desintegrar. Essa relação é fundamental nos métodos de datação pela radioatividade. No final desse anexo, precisaremos quantitativamente essa relação.

Os modos de desintegração radioativa

No que se transformariam os núcleos instáveis, se por acaso existirem? Desde Lavoisier, sabe-se que "nada se perde, nada se cria, tudo se transforma". É o caso de se dizer: seu núcleo radioativo, criado naturalmente, isto é, por um fenômeno natural, ou artificialmente, isto é, pelo homem, vai se transformar em um outro núcleo; se este for estável, a transformação pára aí; se não for, ela continua até se chegar a algo estável.

Uma desintegração radioativa é, portanto, um fenômeno que afeta o núcleo do átomo e durante o qual este se transforma, muda de natureza, a ponto de o número de prótons e de nêutrons que ele contém variar: há uma transmutação.

Um modo comum de desintegração para os núcleos radioativos pesados é a emissão de partículas α. Essas partículas são formadas por dois prótons e dois nêutrons e constituem o núcleo do átomo de hélio. No decorrer dessa desintegração, o núcleo radioativo vê seu número atômico baixar de 2 e seu número de massa baixar de 4. Pode-se, então, escrever simbolicamente:

$$^{A}_{Z}\mathrm{X} \rightarrow {}^{A-4}_{Z-2}X' + {}^{4}_{2}\mathrm{He}$$

Entre os principais isótopos radioativos emissores α estão o tório $^{232}_{90}$Th, o rádio $^{226}_{88}$Ra e o urânio $^{238}_{92}$U.

Durante tal desintegração, a partícula α é emitida com uma certa velocidade. Em outras palavras, ela carrega uma certa energia que representa a diferença entre as energias do núcleo X de partida e do núcleo X′ de chegada. Essa energia, característica do emissor α que a libera, pode ser medida quando se detecta a partícula α — esse fato é precioso pois permite a identificação do núcleo emissor. É preciso observar que muitas vezes estamos lidando com uma mistura complexa de corpos emissores: a medida precisa da energia das partículas detectadas permite saber imediatamente qual era o núcleo responsável por sua emissão.

Um outro tipo de desintegração é a emissão β^- que corresponde à emissão de elétrons pelo núcleo. Isso é surpreendente, pois até agora não se sabia que o núcleo contivesse elétrons! É verdade, mas digamos que tudo se passa como se o núcleo emitisse um elétron, se bem que, talvez, em detalhe, as coisas não aconteçam assim: podemos imaginar, em particular, que, em tais núcleos, um nêutron se transforma em um próton e um elétron que é liberado. Podemos escrever a transmutação correspondente, atribuindo o símbolo "e" ao elétron e aplicando-lhe o número atômico − 1 (sua carga é negativa, comparada com a dos núcleos que é positiva) e o número da massa 0 (lembremo-nos de que sua massa é praticamente desprezível em relação à de um núcleon):

$$^{A}_{Z}\mathrm{X} \rightarrow {}^{A}_{Z+1}\mathrm{X}' + {}^{0}_{-1}\mathrm{e}$$

Durante essa transmutação, vê-se que o núcleo não muda de número de massa, mas seu número atômico aumenta de uma unidade.

O que foi dito a respeito da emissão de elétrons durante uma desintegração β^- pode ser transposto a um outro tipo de radioatividade: a emissão de elétrons positivos ou pósitrons. Até aqui nada se falou sobre esses corpúsculos muito instáveis que são o primeiro exemplo conhecido do que se chamou, mais tarde, a antimatéria. Diz-se também que o pósitron é a antipartícula do elétron (ou négatron): ele lhe é idêntico do ponto de vista de massa, mas possui uma carga oposta a este. O pósitron é uma partícula muito fugaz que, ao encontrar um elétron, desaparece, levando-o consigo: tem-se, então, o fenômeno de "aniquilação", produzindo-se a transformação de massa em energia. Esse fenômeno é acompanhado da emissão de uma radiação análoga à luz, transportando uma energia *E* ligada à massa *m* dos corpúsculos que desapareceram pela célebre relação de Einstein: $E = mc^2$, onde *c* é a velocidade da luz.

Ocorre, nesse caso, a desintegração β^+ e a transmutação correspondente pode ser escrita assim:

$$^{A}_{Z}\mathrm{X} \rightarrow {}^{A}_{Z-1}\mathrm{X}' + {}^{0}_{+1}\mathrm{e}$$

Aqui o número atômico do núcleo emissor aumenta de uma unidade.

Existem numerosos isótopos emissores β^- ou β^+. Citemos alguns deles:

β^- : $^{10}_{4}\mathrm{Be}$, $^{14}_{6}\mathrm{C}$, $^{24}_{11}\mathrm{Na}$ etc.

β^+ : $^{11}_{8}\mathrm{C}$, $^{13}_{7}\mathrm{N}$, $^{22}_{11}\mathrm{Na}$ etc.

Para encerrar o que diz respeito à radioatividade β^+ e β^-, acentuemos que, contrariamente à emissão α, as partículas emitidas não têm uma energia característica bem precisa: o processo dessas emissões é complexo. De fato, a emissão sempre é acompanhada de uma radiação não corpuscular, análoga à luz: a energia liberada durante a transmutação é distribuída entre o elétron positivo ou negativo emitidos e a radiação que o acompanha, de maneira que, para um dado emissor, pode-se simplesmente determinar a energia média dos elétrons emitidos, ou ainda seu valor maximal correspondente ao caso limite em que a radiação que o acompanha é de energia muito fraca.

Um último tipo de desintegração nos interessa aqui: a fissão espontânea. Trata-se de uma verdadeira fratura de um núcleo pesado em dois grandes pedaços, formando "fragmentos de fissão". Tal processo é realizado nos reatores nucleares construídos por diversos países para produzir eletricidade. Neste caso a fissão é induzida, sendo provocada por nêutrons provenientes do exterior. A fissão espontânea é rara na natureza, embora exista: é o caso do isótopo $^{238}_{92}U$. Esta propriedade será aproveitada em um método de datação — a medida dos traços de fissão.

Vimos os principais modos de desintegração dos núcleos radioativos: certamente, as coisas não são simples, e ainda vamos complicá-las um pouco mais! Vale mencionar que todas essas transmutações são quase sempre acompanhadas pela emissão de uma radiação γ. Denomina-se radiação γ toda emissão de energia sob a forma de uma "radiação" que muito se assemelha à luz e à qual nosso olho não é sensível. Porém, existem detectores em física nuclear capazes de reconhecer tais radiações. Durante essa emissão, nenhuma partícula (que possua massa) é liberada. Em compensação, a energia é perdida pelo núcleo emissor. Freqüentemente, fala-se desse fenômeno como radioatividade γ, porém seria mais correto dizer que há emissão de radiação acompanhando a radioatividade α ou β.

Para finalizar essa parte dedicada aos modos de desintegração em radioatividade, notemos que, às vezes, acontece de um dado núcleo apresentar, ao mesmo tempo, diversos modos possíveis: é o caso do urânio 238 que pode se desintegrar por emissão α ou por fissão espontânea, e também do potássio 40, cujo esquema de desintegração complexa é:

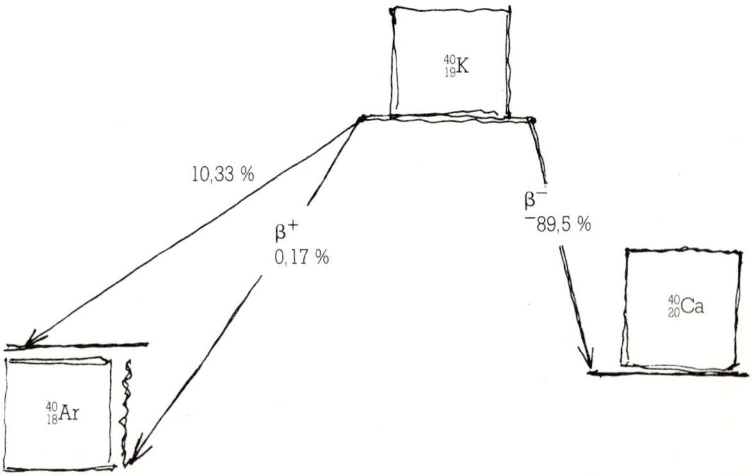

Vê-se nesse esquema que, em 89,5% dos casos, os núcleos de $^{40}_{19}$ K desintegram-se por emissão β^-, que resulta no núcleo $^{40}_{20}$ Ca de cálcio. A emissão β^+ é outra possibilidade, que resulta no argônio 40, seja diretamente, seja com emissão simultânea de uma radiação α. Esse esquema de desintegração é um pouco complicado, mas é necessário conhecê-lo quando se deseja utilizar o potássio 40 em uma medida de datação. Esse isótopo é o principal elemento radioativo natural, sendo de uso generalizado em geologia: ele está na base do método potássio-argônio.

AS LEIS DA RADIOATIVIDADE. FILIAÇÕES

Evolução de uma substância radioativa no decorrer do tempo

Façamos agora intervir o fator tempo e vejamos como ele vai modificar o fenômeno de desintegração radioativa. É claro que, sendo a transmutação acompanhada de um desaparecimento da substância emissora, à medida que se produzem as desintegrações, haverá cada vez menos núcleos radioativos e o índice de desintegração vai diminuir progressivamente.

De maneira mais quantitativa, chama-se atividade de uma substância o número de desintegrações observado por unidade de tempo: geralmente escolhe-se para unidade de tempo o segundo, mas se a atividade for muito fraca pode-se ter interesse em escolher, por exemplo, o ano, que dará um índice razoável. É evidente que, quanto maior a quantidade da substância, maior será essa atividade: dessa maneira, a atividade, que é o número de núcleos que desaparecem por segundo, é proporcional ao número N de núcleos radioativos. Matematicamente, essa relação se escreve:

$$\frac{dN}{dt} = -\lambda N$$

dN/dt é a derivada da função N do tempo, que representa o número de núcleos que sobram no instante t; λ é chamada a constante radioativa da substância: é a probabilidade que um núcleo tem de se desintegrar, durante a unidade de tempo que se segue ao instante considerado.

Demonstra-se facilmente, em matemática, que uma quantidade N, que obedece à lei expressa pela equação acima, varia com o tempo de maneira exponencial:

$$N = N_0 \exp(-\lambda t)$$

o valor de N é N_0 no tempo $t = 0$, em seguida, diminui constantemente, tendendo a se tornar nulo quando o tempo decorrido for muito longo.

A constante radioativa λ é ligada a uma grandeza chamada período T do corpo radioativo

$$T = 0{,}693/\lambda$$

O *período T* de uma substância radioativa é o tempo ao término do qual a quantidade dessa substância é reduzida à metade. No final de um tempo T, tem-se $N = N_0/2$; em seguida, após um novo intervalo de tempo T, o número ainda terá decrescido à metade, passando de $N_0/2$ a $N_0/4$ e assim por diante... Ao final de cinco períodos, N é dividido por 16, ao final de dez períodos $N = N_0/1024$, ao final de vinte períodos, N vale aproximadamente o milionésimo de N_0 etc. E, como a atividade da substância é proporcional ao número de átomos radioativos, ela segue a mesma lei, sendo reduzida de um fator 2 a cada período.

Entre os milhares de isótopos que conhecemos atualmente, dos quais poucos existem na natureza, podemos encontrar todas as espécies de períodos, desde frações de milésimos de segundo, até bilhões de anos. O quadro abaixo apresenta os modos de desintegração e o período para os principais corpos radioativos utilizados em datação.

Núcleo	*Modo de desintegração*	*Período*
${}^{14}_{6}C$	β^-	5 730 anos
${}^{40}_{19}K$	β^+ e β^-	1,3 bilhão de anos
${}^{87}_{37}Rb$	β^-	47 bilhões de anos
${}^{187}_{75}Re$	β^-	43 bilhões de anos
${}^{235}_{92}U$	α	0,7 bilhão de anos
${}^{238}_{92}U$	α, fissão espontânea	4,5 bilhões de anos

O fenômeno de radioatividade manifesta uma evolução no decorrer do tempo característica do que se chama um fenômeno *aleatório*. Que significa esse termo? Suponhamos que considerássemos, a um momento dado, um conjunto de 100 núcleos radioativos de período 1 ano. Isso significa que, um ano depois, aproximadamente 50 deles estariam desintegrados. Quais, e em que momento? Não podemos responder antecipadamente a essas perguntas. Todos os núcleos têm a cada instante a mesma chance de se desintegrar ou a mesma probabilidade de desintegração, o que os faz efetivamente parecer escolhidos ao acaso em nossa coleção. Quanto ao momento dessa desintegração, é imprevisível. Se começarmos em um 1.º de janeiro, talvez tenhamos a sorte de ver um núcleo se desintegrar desde o primeiro dia, caso contrário, será preciso esperar... Apesar de tudo, cinco a seis núcleos, em média, deveriam desaparecer em janeiro, sendo que esse número tende a diminuir, ao longo de todo o ano, chegando a três em dezembro.

Assim, esse fenômeno aleatório parece governado por leis do acaso que têm aqui um sentido estatístico, pois o número de núcleos considerados é sempre muito grande, de modo que só poderemos medir valores médios. Podemos definir a "vida média" — média da duração de vida de todos os núcleos — de um isótopo radioativo dado: alguns têm vida breve, outros mais longa, outros podem sobreviver por muito tempo. Essa vida média está evidentemente ligada ao período, mas não é igual a ele: obtém-se a vida média multiplicando-se o período pelo fator 1,44.

Manifestam-se grandes diferenças, se quisermos comparar um conjunto de núcleos radioativos com uma população humana. Quando nascemos, temos todos uma "esperança de vida" (atualmente, cerca de 70 anos) que é a vida média dos indivíduos nascidos a um dado instante, levando-se em conta os que morrerão com pouca idade e também os que poderão alcançar idade mais avançada. Mas quando essa mesma população alcança 50 anos, resta-lhe ainda uma esperança de vida de aproximadamente 30 anos (correspondendo a uma vida média de 50 + 30 = 80 anos), pois evidentemente não há mais razão de se levarem em conta os que já morreram. Em outras palavras, nossa esperança de vida diminui constantemente à medida que envelhecemos; em compensação, as chances que temos de alcançar uma idade avançada aumentam.

Para os núcleos radioativos, nada disso é válido: não há jovens nem velhos. Todos têm a mesma probabilidade de se desintegrar a cada instante, quer tenham acabado de nascer, quer estejam lá há 1 milhão de anos. Todos os núcleos têm a cada instante as mesmas propriedades. Esse aspecto aleatório do fenômeno terá sua importância para as medidas feitas para fins de datação.

As filiações

Como as estruturas familiais humanas são muito conhecidas, achou-se cômodo utilizar o mesmo vocabulário para uma população de núcleos radioativos. Assim, uma transmutação é descrita simplesmente como um pai que resulta em um filho e se escreve

$$P \rightarrow F$$

Notemos que se trata de uma família machista (ou hermafrodita?) na qual não figuram nem mãe, nem filha, nem mulher...

Vimos como evolui, no decorrer do tempo, o número de núcleos-pai, que denominamos N. Qual é o número de núcleos-filho? É o número total de núcleos-pai desintegrados desde o começo: partindo de 0 a $t = 0$, ele tende a um limite igual a N_0. Ao final de um período, isto é, no tempo $t = T$, tem-se $N_{pai} = N_{filho}$.

As equações que dão as respectivas evoluções dos números de átomos-pai e átomos-filho no decorrer do tempo são

$$N_{pai} = N_0 \times \exp(-\lambda t)$$
$$N_{filho} = N_0 \times [1 - \exp(-\lambda t)]$$

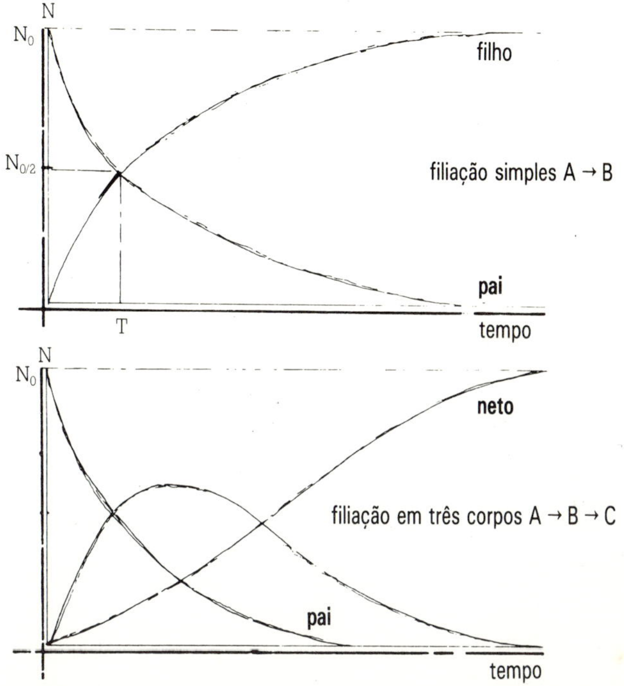

Esta figura representa o número de átomos no caso de uma filiação simples pai→ filho (no alto); depois, de uma filiação em duas gerações: pai→filho→neto (embaixo).

Mas que acontecerá se o filho for radioativo? Evidentemente, ele se desintegrará, por sua vez, para dar um neto. Porém, o número de núcleos vai evoluir no decorrer do tempo de maneira muito complicada: no começo, vai aumentar, mas, em seguida, a atividade do filho vai crescer com o número de núcleos, provocando uma diminuição desse número que acabará por cair para 0, ao final de um tempo muito longo, quando todos os núcleos-pai tornarem-se primeiro filhos e depois netos. Geralmente, o período do filho não é igual ao do pai: pode ser mais curto ou mais longo. A figura apreenta um exemplo disso: vê-se a evolução do número de átomos-pai e átomos-filho no cao de uma filiação simples; depois de uma filiação em duas etapas pai→filho→neto.

O conhecimento dessas linhas mestras do fenômeno de radioatividade é suficiente para compreendermos sua utilização nos métodos de datação.

ANEXO B

Complementos

Retomaremos aqui os principais métodos de datação encontrados ao longo deste livro, explicitando-os e completando-os com diversos pormenores técnicos ou experimentais. Enfim, daremos certas precisões concernentes às anomalias isotópicas de alguns meteoritos, fonte essencial das informações que fundamentaram o nosso roteiro da criação do sistema solar.

O método rubídio-estrôncio

Esse método repousa sobre a desintegração β^- do rubídio 87:

$$^{87}_{37}\text{Rb} \rightarrow {}^{87}_{38}\text{Sr} \qquad T = 47 \text{ bilhões de anos}$$

Considerando-se a pequena quantidade de cada um desses isótopos presentes nos meteoritos ou nas rochas terrestres e lunares (da ordem do milionésimo), a taxa de radioatividade é igualmente muito pequena: mais ou menos uma dose a cada duas horas, por grama de material analisado. Nessas condições, as determinações do número de átomos presentes em um dado momento praticamente não podem ser feitas, a não ser com a ajuda de um espectrômetro de massa, aparelho cujo funcionamento expusemos no Anexo A.

Chamemos P e F os números de átomos do pai (^{87}Rb) e do filho (^{87}Sr) presentes no instante da medida, sendo P_0 e F_0 esses mesmos números no momento da criação do meteorito, isto é, da cristalização dos côndrulos. O acontecimento que vamos datar é, como de costume, a última separação entre os dois membros em filiação. O problema é que se ignoram, no momento da formação do corpo datado, os números P_0 e F_0 que, no entanto, seria preciso conhecer, pois a quantidade de núcleos-pai desaparecidos é $P_0 - P$ e a de núcleos-filho acumulados durante o tempo investigado é $F - F_0$. Mas vamos sair desse embaraço utilizando outro isótopo do estrôncio: $^{86}_{38}$Sr. Esse isótopo é estável e não é o resultado da desintegração de um outro elemento: diz-se que ^{86}Sr não é *"radiogênico"*, enquanto que ^{87}Sr o é. Vamos supor que, no instante da formação do meteorito, produziu-se um acontecimento de tamanha violência que o que havia se acumulado até então ficou tumultuado: assim, os dois isótopos 86 e 87 do estrôncio foram muito misturados, e, em seguida, o estrôncio se cristalizou sob diversas formas de compostos, mas com o mesmo rendimento isotópico $^{87}Sr/^{86}Sr$ em toda parte. Em compensação, o rubídio, elemento diferente do estrôncio, será reencontrado misturado com esse último em proporções variáveis, dependendo dos compostos considerados.

No primeiro gráfico, representamos o resultado de medidas de produtos isotópicos feitas em um material que acaba de se cristalizar: isso pode representar o estado de diversos meteoritos formados no mesmo momento, ou ainda de diferentes partes de um mesmo meteorito, no instante de sua formação. Foi representado horizontalmente, no eixo das abscissas, o produto isotópico $^{87}Sr/^{86}Sr$ que é constante, tendo sido escolhido o valor 2 para esse produto. Colocando-se verticalmente, nas ordenadas, os valores encontrados para o produto $^{87}Rb/^{86}Sr$, acham-se os pontos A, B, C e D para os quais, respectivamente, esse produto foi considerado igual a zero (nada absolutamente de rubídio 87), 1 ($^{87}Rb = {}^{86}Sr$), 2 (duas vezes mais átomos de ^{87}Rb do que átomos de ^{86}Sr), 5 etc. Todos esses pontos alinham-se em uma reta vertical A B C D, pois, para cada parte analisada, o produto $^{87}Sr/^{86}Sr$ é o mesmo, aqui igual a 2.

Que acontecerá a tudo isso com o passar do tempo, quando a transformação do rubídio 87 em estrôncio 87 se cumprir? O segundo gráfico dá o resultado que se obteria ao final de um tempo infinitamente longo, quando praticamente nada mais restasse de rubídio 87: tem-se, então, $^{87}Rb/^{86}Sr = 0$ para cada parte analisada. Obtemos, assim, o ponto A (que não se mexeu, pois já não continha rubídio 87 na partida), B′ proveniente de B, C′ proveniente de C, e finalmente D′ proveniente de D e tal que $^{87}Sr/^{86}Sr = 7$: o produto, que era 2 na partida, foi acrescido de 5, que era a quantidade de rubídio 87 em relação ao estrôncio 86, representado pelo ponto D.

Que acontece em uma situação intermediária, isto é, quando apenas uma parte do rubídio 87 se desintegrou? O terceiro gráfico representa esse estado: os pontos que figuram as medidas são agora A, B′′, C′′ e D′′. Eles se alinham sobre uma reta inclinada em relação aos eixos de coordenadas. Segundo o que acabamos de ver, essa reta é vertical para uma série de objetos muito novos, e horizontal para os infinitamente antigos. Podemos imaginar sem esforço que, medindo-se sua inclinação, possa-se deduzir a propor

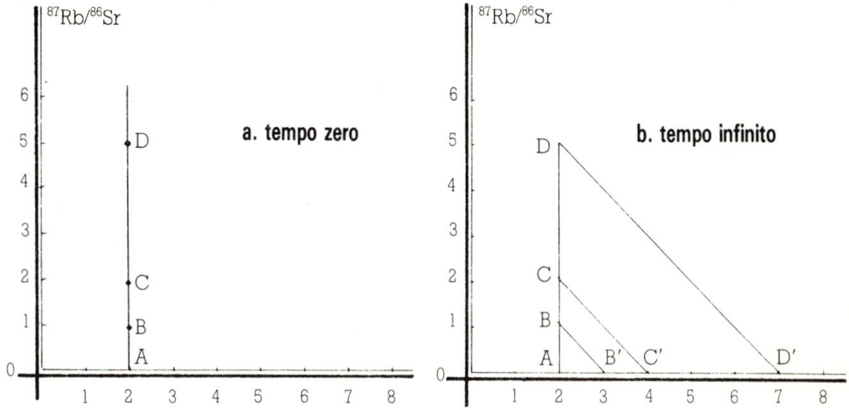

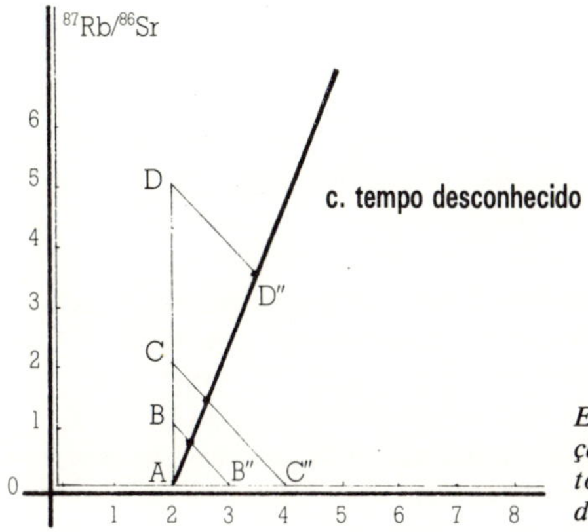

Evolução da razão $^{87}Rb/^{86}Sr$ *em função do tempo, segundo a mistura isotópica do estrôncio, permitindo a datação pelo método rubídio-estrôncio.*

ção dos átomos de rubídio 87 que se desintegraram e com isso calcular o tempo que se passou, como foi visto no capítulo sobre a radioatividade, qualquer que seja a quantidade inicial de rubídio 87 (desde que não seja nula) e a razão inicial $^{87}Sr/^{86}Sr$ (desde que seja constante).

Vamos resumir: o método consiste em medir, em diversos pontos de um mesmo meteorito, ou para vários meteoritos, os produtos isotópicos $^{87}Rb/^{86}Sr$ e $^{87}Sr/^{86}Sr$, com a ajuda de um espectrômetro de massa, e em representar um desses produtos em função do outro. Se os pontos obtidos se alinharem sobre uma reta, a inclinação desta permite calcular a idade procurada.

Pode-se notar que esse método — o qual, sob certos aspectos, parece muito complicado — apresenta, no entanto, uma vantagem considerável: ele próprio constitui uma verificação de sua validade, pois só é possível deduzir-se um valor de idade a partir dele, se os pontos obtidos se alinharem segundo uma reta; isso constituirá então a justificativa das hipóteses. Entretanto, se a verificação das hipóteses for negativa, evidentemente, não será possível deduzir-se uma idade, e isso pode significar:

— que o produto isotópico $^{87}Sr/^{86}Sr$ não era o mesmo para um determinado meteorito (não tendo sido feita a homogenização) ou que se trata de diversos meteoritos não provenientes do mesmo "corpo-parente";

— ou que as idades das diversas determinações feitas não são as mesmas, e que se pode, portanto, definir uma idade única.

O método rênio-ósmio

Utiliza-se, dessa vez, a desintegração β^- do rênio 187:

$$^{187}_{75}\mathrm{Re} \rightarrow {}^{187}_{76}\mathrm{Os} \qquad T = 43 \text{ bilhões de anos}$$

Lembremos que esse método é utilizado para determinar a idade das estrelas. Comparável sob certos aspectos com o precedente, ele consiste em medir quantidades muito pequenas de substâncias. Esquematicamente, pode-se dizer que os dois membros da filiação, ^{187}Re e ^{187}Os, são ambos formados por nucleossíntese nas estrelas, e que uma parte do rênio 187 se desintegra em ósmio 187. O sistema assim obtido é representado pela figura a seguir.

De fato, esse método permite, mediante certas hipóteses, medir a duração da nucleossíntese que se processou pouco tempo depois do *Big Bang* até à formação do sistema solar. Na outra figura, determina-se assim o tempo t_2. Como deduzir, em seguida, a idade do Universo? Basta consultar a figura: após o *Big Bang* transcorre um tempo t_1 ante da formação das galáxias. Não se conhece bem esse tempo, e as estimativas variam entre alguns milhões e 1 bilhão de anos. Em seguida começa a nucleossíntese, que dura um tempo t_2 e cuja intensidade talvez não seja constante. Atualmente parece provável que a taxa com que os elementos foram produzidos por nucleossíntese tenha diminuído com o passar do tempo, à medida

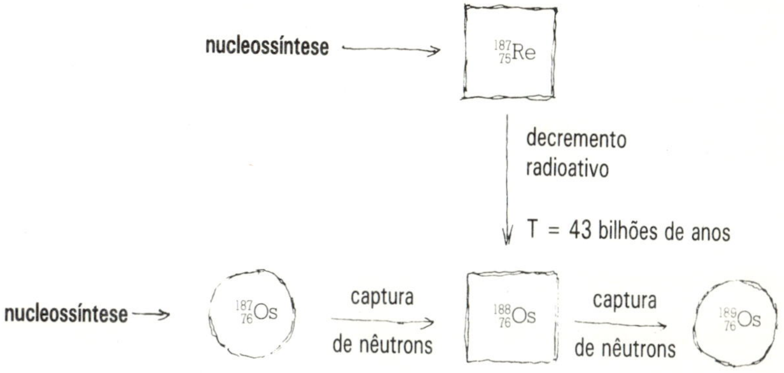

O sistema rênio-ósmio.

que se processava a expansão do Universo, tornando cada vez menos freqüentes os encontros de partículas que, por reação nuclear, levam à síntese dos diversos elementos. Finalmente, após a formação do sistema solar, tudo ficou muito mais simples: não existe mais nucleossíntese e o rênio 187 se desintegra, sem problema, em ósmio 187.

A idade do Universo é, então, a soma t_1 (estimada) + t_2 (medida) + t_3 (idade conhecida do sistema solar). As medidas se rea-

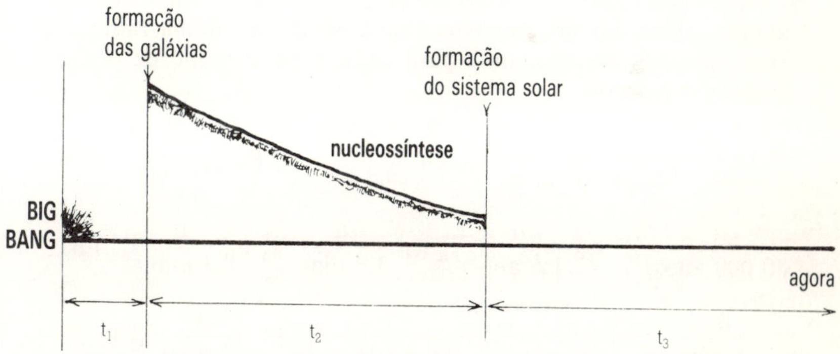

A nucleossíntese, segundo uma hipótese geralmente admitida, efetuou-se com uma taxa lentamente decrescente desde a formação das galáxias, por causa da expansão do Universo.

lizam sobre os meteoritos como para o sistema rubídio-estrôncio. Os resultados obtidos não são, entretanto, muito precisos. Além das próprias dificuldades de medida, eles dependem, de maneira muito importante, das hipóteses feitas quanto à variação no tempo da taxa de nucleossíntese e do "rendimento" das reações de passagem.

$$\text{Os } 186 \rightarrow \text{Os } 187 \rightarrow \text{Os } 188$$

É por isso que a idade do Universo, por esse método como por meio dos outros métodos que foram vistos, não é muito precisa.

A utilização das famílias do urânio

Vimos, no anexo dedicado à radioatividade, que, em certos casos, um átomo-pai resultava em um átomo-filho que podia, ele próprio, ser radioativo, podendo a série continuar... estabelecendo-se, assim, grandes filiações. É o que se produz na natureza, onde existem três famílias radioativas que, por uma longa sucessão de transmutações, resultam finalmente em três isótopos do chumbo:

$$^{232}_{90}\text{Th} \rightarrow \ldots . \rightarrow {}^{208}_{82}\text{Pb}$$
$$^{235}_{92}\text{U} \rightarrow \ldots . \rightarrow {}^{207}_{82}\text{Pb}$$
$$^{238}_{92}\text{U} \rightarrow \ldots . \rightarrow {}^{206}_{82}\text{Pb}$$

Essas cadeias de desintegrações sucessivas são muito longas e põem em jogo períodos extremamente variáveis. A título de curiosidade, vamos dar um esquema simplificado da família radioativa do urânio 238, mencionando para cada etapa o modo de desintegração e o período:

$$^{238}_{92}\text{U} \xrightarrow[\text{4,5 bilhões de anos}]{\alpha} {}^{234}_{90}\text{Th} \xrightarrow[\text{24,1 dias}]{\beta^-} {}^{234}_{91}\text{Pa} \xrightarrow[\text{250 000 anos}]{\alpha} {}^{230}_{90}\text{Th}\ldots$$

$$\xrightarrow[\text{80 000 anos}]{\alpha} {}^{226}_{88}\text{Ra} \xrightarrow[\text{1,6 ano}]{\alpha} {}^{222}_{86}\text{Rn} \xrightarrow[\text{3,8 dias}]{\alpha} {}^{218}_{84}\text{Po} \xrightarrow[\text{3 min}]{\alpha} {}^{214}_{82}\text{Pb}\ldots$$

$$\xrightarrow[\text{27 min}]{\beta^-} {}^{214}_{83}\text{Bi} \xrightarrow[\text{20 min}]{\beta^-} {}^{214}_{84}\text{Po} \xrightarrow[\text{0,00016 s}]{\alpha} {}^{210}_{82}\text{Pb} \xrightarrow[\text{21 anos}]{\beta^-} {}^{210}_{83}\text{Bi}\ldots$$

$$\xrightarrow[\text{5 dias}]{\beta^-} {}^{210}_{84}\text{Po} \xrightarrow[\text{138 dias}]{\alpha} {}^{206}_{82}\text{Pb estável}$$

Nessa cadeia intervêm numerosos isótopos e elementos. Quando se deixa uma certa quantidade de núcleos de urânio 238 livre para evoluir, estabelece-se, ao final de um tempo bastante longo, um equilíbrio radioativo entre todos os seus descendentes, no qual os números de átomos mantêm-se com razões constantes. Basta, porém, sobrevir uma separação química que consiste em romper esse equilíbrio, quebrando a cadeia, para que as proporções dos diversos isótopos fiquem alteradas. Essa separação constitui, portanto, o ponto de partida de nosso cronômetro, cuja indicação será a evolução dos diversos elementos da filiação após a ruptura do equilíbrio.

Tal método de datação consiste em medir os diversos elementos da filiação por suas radioatividades características e, a partir disso, inferir o tempo decorrido desde a separação. Ele apresenta a considerável vantagem de se aplicar simultaneamente a duas famílias: uma filiação, análoga à que foi vista para o urânio 238, nasce a partir do urânio 235, segundo modos de desintegração e períodos diferentes. Durante uma mesma série de operações, poderemos determinar, portanto, a idade da substância estudada por duas vias diferentes, sobre cada uma das séries dos isótopos 235 e 238 do urânio. Se os resultados forem concordantes, poderemos ter fé no resultado; caso contrário, é a prova de que algo escapou no processo de separação e de medida.

De fato, o método de datação que utiliza os desequilíbrios nas famílias dos diversos isótopos do urânio é de uso bastante corrente para os tempos geológicos e para as épocas abrangidas pela paleontologia humana, em que seus sucessos se revelaram espetaculares: esse assunto está além do nosso objetivo. Entretanto, vamos encontrar alguns de seus resultados, no que tange à datação das rochas terrestres e lunares, para as quais ele permite confirmar o que se obtém, a partir do sistema rubídio-estrôncio.

A contagem dos traços de fissão

Esse método apresenta algum parentesco com o precedente, pois utiliza a radioatividade do urânio 238, mas seu princípio é totalmente diferente: não nos ocupamos aqui dos descendentes desse isótopo; porém, nos interessamos pelos raros casos em que o urânio 238 não emite uma partícula α ao se desintegrar, mas sofre o fenômeno de fissão. Durante esse fenômeno, o núcleo de partida quebra-se em dois pedaços que se afastam um do outro, em direções opostas. Ao atravessar uma certa espessura de matéria, esses grandes pedaços provocam desgastes — em outras palavras, deixam traços. É claro que o número desses traços é diretamente proporcional ao número de átomos de urânio 238 que se desintegraram, o que, em 3% dos casos, acontece por fissão.

Resta resolver o problema da observação das marcas que, evidentemente, não são visíveis a olho nu, nem ao microscópio... a menos que antes as tenhamos feito passar por um tratamento químico destinado a "revelá-las", aumentando-as.

Nessas condições, a determinação de uma idade por esse método requer o conhecimento, por um lado, do teor de urânio da amostra estudada (obtido por métodos clássicos de análise química), por outro, do número de marcas de fragmentos de fissão, contadas após revelação, com a ajuda de um microscópio. Indiquemos uma ordem de grandeza: para um objeto que encerre uma parte por milhão de urânio, observa-se em média uma marca por centímetro quadrado e por milhar de anos de decréscimo.

Esse método, aparentemente fácil de se pôr em prática, é, no entanto, de utilização restrita. Ele sofre duas importantes restrições. Por um lado, é necessário que o objeto a datar contenha uma quantidade suficiente de urânio; ora, sabe-se que se trata de um metal relativamente raro. Por outro lado, é preciso que o meio considerado possa registrar as marcas dos fragmentos de fissão e permita, em seguida, visualizá-las: praticamente, isso só acontece com os pequenos cristais.

O caso ideal, sob esse ponto de vista, é o de cristais de zircão que são relativamente ricos em urânio. Como o anterior, esse método tem sido aplicado sobretudo na escala de tempo que se mede em milhões de anos ao invés de bilhões. No campo das idades de que nos ocupamos neste livro, ele serve unicamente para confirmar os resultados obtidos por meio de outras técnicas.

As anomalias dos condritos carbonáceos

O termo "anomalias" engloba tudo que, na composição química e isotópica dos meteoritos, é anormal em relação ao que se encontra e se conhece na face da Terra e, portanto, só pode explicar-se se lhe for atribuída uma origem fora da nuvem protossolar, ou então se se tratar da marca de acontecimentos que se desenrolaram antes da condensação dessa nuvem.

No começo desta obra, enumeramos as categorias de meteoritos e constatamos que 70 a 80% deles são condritos. Entremos agora mais pormenorizadamente nessa classificação: entre os condritos, há um subgrupo constituído pelos chamados *condritos carbonáceos*. Esses meteoritos particulares possuem, bem entendido, côndrulos mais ou menos esféricos — pequenos volumes cristalizados —, mas a matéria na qual esses volumes estão mergulhados é escura, às vezes preta: essa matéria é rica em carbono. Além disso, esse fundo não é uniforme; nele se encontram algumas pequenas inclusões claras que são compostos refratários ricos em alumínio e cálcio. Estamos, então, em presença de uma estrutura de três fases essenciais cujas propriedades mineralógicas foram muito bem estudadas. Em particular, a temperatura de solidificação, ou seja, a temperatura que possuíam ao se solidificarem em seu aspecto atual, é diferente para esses três compostos: a mais elevada, acima de 1 200°C, para as inclusões brancas refratárias; entre 900 e 1 110°C para os côndrulos e, finalmente, - 500°C para a parte rica em carbono.

Essas diferenças terão sua importância mais tarde, pois a cronologia da formação dos meteoritos é acompanhada de seu resfriamento progressivo. Além disso, esses condritos carbonáceos são particularmente interessantes já que sua composição química, expressa em termos de abundância relativa dos diversos elementos, é praticamente idêntica ao que é a abundância cósmica desses elementos, com exceção dos corpos gasosos (hidrogênio, hélio etc.) que formam o essencial do gás interestelar. Disso resulta que esses meteoritos particulares podem ser qualificados como os mais antigos objetos do sistema solar, por nunca terem sofrido, como a Terra, a Lua e os outros planetas, um processo evolutivo que chegou a uma diferenciação, com perda de certos elementos e enriquecimento de outros.

O meteorito *Allende*, caído em 1969, é um exemplo de condrito carbonáceo. Embora as anomalias de que falamos tenham sido vistas em outros casos, o essencial do que vai se seguir é deduzido desse meteorito particular, por causa de seu tamanho e das circunstâncias extremamente favoráveis de sua queda (ver página 14).

Trata-se essencialmente de anomalias de composição isotópica, isto é, diferenças entre a repartição que um elemento apresenta entre seus diferentes isótopos sobre a Terra e nesses condritos carbonáceos. Embora tais diferenças tenham sido encontradas para cerca de 15 elementos, vamos expor apenas uma delas, mais pormenorizadamente, para que seja possível compreender o tipo de argumentos que essas anomalias fornecem para a elaboração do roteiro que indicamos quanto à formação do sistema solar a partir de uma nuvem proto-solar.

Nos condritos carbonáceos e, mais especificamente, nas inclusões brancas refratárias ricas em alumínio e cálcio, podemos fazer um estudo sobre a composição isotópica do elemento magnésio. Encontramos, então, um aumento notável da quantidade do isótopo $^{26}_{12}$Mg em relação aos outros isótopos, quando se compara essa composição com a de outras partes do meteorito (exceto inclusões claras). Para essas outras partes, a proporção do isótopo 26 é normal, ou seja, é a mesma em diversos pontos e é igual à que encontramos na Terra e nas rochas lunares. Em suma, existe de fato uma anomalia. Qual é sua causa? Prosseguindo o estudo, percebemos que essa anomalia é tanto mais importante quanto o é a quantidade de alumínio. Impõe-se a seguinte interpretação: o magnésio 26 excedente provém da desintegração do alumínio 26 radioativo. Atualmente, porém, não restam mais traços dele, pois seu período é de 0,74 milhão de anos, portanto, ele desapareceu há muito tempo. De onde vinha, então?

O isótopo estável do alumínio tem o número de massa 27. Medindo-se a quantidade excedente do magnésio 26, pode-se deduzir o produto isotópico $^{26}_{13}$Al/$^{27}_{13}$Al que esse alumínio possuía no momento em que essas inclusões brancas ocorreram no meteorito: esse produto é muito maior do que no restante do meteorito. Somos, então, levados à seguinte conclusão: essas inclusões refratárias não têm a mesma composição do restante da poeira que se condensou na nuvem proto-solar. Elas se produziram alhures, fora da nossa nuvem, em um lugar onde esses elementos tinham sido fabricados em proporção que para nós é anormal. Essas inclusões são, pois, *grãos* de algo que se fragmentou pouco tempo (1 ou alguns milhões de anos) antes de nosso sistema solar se ter condensado: só pode se tratar de uma supernova que explodiu, projetando seus minúsculos pedaços no espaço que a cercava.

Graças às anomalias de composição isotópica que certas partes dos meteoritos apresentam, foi possível identificar nesses pequenos pedaços de matéria ínfimas partes de estrelas gigantes que explodiram há bilhões de anos. Por causa do rápido decremento dos elementos radioativos incluídos nesses pedaços, a explosão só pôde produzir-se pouco tempo antes da condensação do sistema solar. Foi a partir dessas constatações que se pôde elaborar um modelo de evolução da nebulosa proto-solar, conseqüência lógica e plausível de acontecimentos que permitiram interpretar as medidas experimentais: é o que chamamos "a história de uma nuvem". Mas é evidente que muitas coisas ainda continuam obscuras. De modo geral, a astrofísica enriquece rapidamente seus conhecimentos e não é nenhum absurdo pensar que dentro de alguns anos saberemos muito mais a respeito de tudo isso...

Bibliografia

Revistas:

La recherche, Pour la science, Sciences et avenir, Sciences et vie, Ça m'intéresse.

Coleções:

"Bibliothèque pour la science" e "L'Univers des sciences", edição Belin.

ASTROFÍSICA, ASTRONOMIA

Obras ilustradas:

Th. Ferris, *Galaxies*, Mazarine, 1983
P. Moore, *Voici l'Univers*, edição Maritimes, 1982
A. de Cayeux, *Les planètes*, Bordas, 1982
Ph. de la Cotardière, *Astronomie*, Larousse, 1981
Encyclopédie visuelle de l'exploration de l'espace, Bordas, 1982
Encyclopédie de l'astronomie moderne, C.I.L., 1938
Les étoiles, naissance, observation, évolution, Atlas, 1984
Le système solaire et son exploration, Atlas, 1984
Les galaxies, nébuleuses, trous noirs, quasars, Atlas, 1984
H. Reeves, *Poussières d'étoiles*, Le Seuil, 1984

Obras mais complexas:

S. Weinberg, *Les trois premières minutes de l'Univers*, "Points-sciences", Le Seuil, 1978
J. Audouze, *Aujourd'hui l'Univers*, Belfond, 1981
R. Omnès, *L'Univers et ses métamorphoses*, Hermann, 1973
J. Audouze e S. Vauclair, *L'astrophysique nucléaire*, "Que sais-je?", P.U.F. 1972
J.-Cl. Pecker, *Clefs pour l'astronomie*, Seghers, 1981
Série *Encyclopédie scientifique de l'Univers*, Gauthier-Villars, 1977-1980

Obras mais importantes, com ilustrações e texto:

Encyclopédie d'astronomie de Cambridge, Fanal, 1980
Grand atlas Universalis de l'astronomie, Encyclopaedia Universalis, 1983

A ORIGEM DA TERRA E DA VIDA

H. Reeves, *Patience dans l'azur*, Le Seuil, 1981. [Edição Brasileira: *Um pouco mais de azul*, Livraria Martins Fontes Editora, São Paulo, 1986]
C. Sagan, *Cosmos*, Mazarine, 1981
C. Sagan, *Cosmic connection, l'appel des étoiles*, "Points-sciences", Le Seuil, 1975
C. Sagan, *Les dragons de l'Eden. Spéculations sur l'évolution de l'intelligence humaine et autre*, "Points-sciences", Le Seuil, 1980

J. de Rosnay, *Les origines de la vie*, "Points-sciences", Le Seuil, 1966
J. Barrow e F. Tippler (posfácio de H. Reeves), *L'homme et le cosmos*, Imago, 1984

Obras cientificamente controvertidas:

E. L. Orgel, *Les origines de la vie*, Elsevier, 1975
F. Crick, *La vie vient de l'espace*, Hachette, 1984
F. Hoyle e N. C. Wickramasinghe, *Le nuage de la vie*, Albin Michel, 1980

Lembramos, aos que apreciam histórias em quadrinhos, a existência de uma série *"Les aventures d'Anselme Lanturlu"*, de J.-P. Petit, publicada por Belin, na qual encontram-se, principalmente: *Tout est relatif, Le trou noir, Big Bang.*

Para ver (e tocar) os meteoritos:

Galeria de Mineralogia do Museu de História Natural) rue Buffon, Paris Ve) e sua coleção de meteoritos e cristais gigantes.

Para visitação:

Galeria de Anatomia Comparada e Paleontologia (rue Buffon, Paris Ve)

Para construir seu próprio telescópio:

Association française d'astronomie
115, rue de Charenton, 75012 Paris
(publica a revista *Ciel et espace*)

Société astronomique de France
3, rue Beethoven, 75016 Paris
(publica a revista *L'astronomie*)